Jessica Goodenough

Espaços públicos das favelas do Rio de Janeiro

Jessica Goodenough

Espaços públicos das favelas do Rio de Janeiro

ScienciaScripts

Imprint
Any brand names and product names mentioned in this book are subject to trademark, brand or patent protection and are trademarks or registered trademarks of their respective holders. The use of brand names, product names, common names, trade names, product descriptions etc. even without a particular marking in this work is in no way to be construed to mean that such names may be regarded as unrestricted in respect of trademark and brand protection legislation and could thus be used by anyone.

Cover image: www.ingimage.com

This book is a translation from the original published under ISBN 978-3-659-86627-2.

Publisher:
Sciencia Scripts
is a trademark of
Dodo Books Indian Ocean Ltd. and OmniScriptum S.R.L publishing group

120 High Road, East Finchley, London, N2 9ED, United Kingdom
Str. Armeneasca 28/1, office 1, Chisinau MD-2012, Republic of Moldova, Europe
Managing Directors: Ieva Konstantinova, Victoria Ursu
info@omniscriptum.com

Printed at: see last page
ISBN: 978-620-8-55586-3

Índice

"O que não é bom para a colmeia não pode ser bom para as abelhas." - Marco Aurélio

Agradecimentos

Apesar de este livro ter o meu nome, foram muitos os que o informaram e influenciaram, tornando o processo de investigação mais agradável e interessante. Por isso, devo-lhes um grande obrigado:

À equipa de amigos das Comunidades Catalisadoras, que mudam a perceção das favelas e tentam melhorar a política com um excelente artigo do RioOnWatch de cada vez:

Aos meus colegas e professores do curso de Infra-estruturas Verdes e Ecologia Urbana da PUC, que me deram a confiança necessária para explorar mais profundamente as soluções que sempre me interessaram:

Aos grandes nomes do planeamento urbano, cuja prática e escritos me inspiraram antes e durante esta investigação, de Jan Gehl a Majora Carter, alguns dos quais tive a honra de

conhecer: Jaime Lerner, Fred Kent e outros que formam a comunidade internacional de placemaking:

Aos meus pais, pelas suas muitas formas de apoio, e aos meus amigos mais próximos, por serem tão amáveis:

Aos meus colegas de quarto e à família brasileira maluca com quem vivi em Santa Teresa, que me ensinaram e distraíram muito:

Aos meus colegas do curso de Desenvolvimento Territorial Sustentável, uma família internacional no mesmo barco, entre boas intenções e má organização, nos últimos dois anos:

Resumo

Os espaços públicos são partes vitais da cidade, contribuindo para a sua qualidade de vida, e são um reflexo tanto das suas qualidades como dos seus problemas. As favelas são assentamentos informais, construídos organicamente de acordo com as necessidades de seus moradores, mas que sofrem de estigma e, portanto, são o lugar de projetos de cima para baixo e da militarização dos espaços públicos. Este artigo explora como os espaços públicos podem ser um espetro importante para ler a dinâmica urbana nas favelas e quais são os efeitos da intervenção do Estado na vida pública. Através de observações e entrevistas, adquiri conhecimento sobre o espaço público e a experiência dos utilizadores do mesmo. Neste trabalho de investigação, a metodologia dos estudos sobre a vida pública e a especificidade do contexto da favela interagem para criar uma reflexão sobre a possibilidade de um outro urbanismo, baseado nas qualidades das comunidades e do seu ambiente físico adaptativo, e no potencial da infraestrutura verde na cidade densa.

Palavras-chave: favela, assentamento informal, espaço público, top-down, urbanismo, placemaking, infraestrutura verde

Introdução: porquê este tema e como foi abordado

Nos anos 80, as imagens associadas às maiores cidades sul-americanas faziam lembrar a ideia de uma megacidade monstruosa, que devorava descontroladamente os homens e o espaço. Mas a explosão urbana abrandou e podemos agora observar que o crescimento é agora mais rápido nas megacidades africanas ou asiáticas. A originalidade das grandes cidades latino-americanas já não reside, portanto, nas suas dimensões demográficas ou físicas. Ela reside, sem dúvida, na sua situação entre dois mundos: entre um modelo ocidental imposto desde o século XVI e uma realidade multiforme que surgiu ao ritmo do crescimento espacial e demográfico. A tendência atual de norte-americanização de certos segmentos da cidade coexiste com uma expansão ainda rápida das periferias marginalizadas. Uma configuração plural emerge da integração de modelos exteriores nas formas da cidade: empréstimos da Europa, dos Estados Unidos e da informalidade das paisagens urbanas dos países de baixo rendimento (Gervais-Lambony, 2001).

Diante de determinados processos de conhecimento, especialmente do mundo ocidental, marcados pela verificabilidade, a favela se destaca por apresentar as feridas da sociedade, com alta incidência de embates na articulação saber-poder. Deve-se, então, buscar descobrir a sabedoria no conhecimento vulgar e suas tensões, produzidas pelas pessoas na incidência de suas tradições orais, nos "contos", nas lojas de esquina, nas praças; confrontando um sistema que precisa dos "necessariamente excluídos" para manter e justificar o autoritarismo e a dominação (Rocha, 2012). A visibilidade é necessária para que o respeito chegue também àqueles que sempre foram excluídos e relegados às margens (Do Valongo à Favela: imaginário e periferia, 2014, 19 de junho).

Com identidades e estratégias culturais próprias, a favela supera e rompe os grilhões da disciplina autoritária, do controle e da autoridade, com a ousadia da festa, da poesia, do samba, da arte, da coragem do trabalho e da produção, apesar de conviver com o crime, o tráfico de drogas e a violência em geral, territorializados no gueto (Rocha, 2012).

Os planejadores e outros atores urbanos podem, de fato, aprender com a natureza vernacular das favelas: os espaços evoluem de acordo com as necessidades dos usuários e permitem a diversão diária e atividades espontâneas (Dixon, 2014, 28 de maio). Ao contrário da habitação planeada, as favelas não têm objectivos, prazos e regras rígidos, proporcionando assim habitação acessível que nunca está terminada, mas sim sempre a ser construída por e para a comunidade (Goodenough, 2014, 18 de agosto).

Esse desenho colaborativo e evolutivo das favelas também é sustentável no sentido ambiental, promovendo uma composição urbana de uso misto e uma configuração orientada para o pedestre: moradores de favelas dependem menos de carros e mais de bicicletas e de seus dois pés para se locomover. Estão frequentemente situadas nas colinas do Rio, oferecendo excelentes vistas do oceano e da floresta, mas também constituem uma atração em si mesmas, ecoando a estética das cidades históricas portuguesas ou as paisagens dos postais gregos (Goodenough, 2014, 18 de agosto).

A paisagem urbana da favela do Cantagalo (Lazarev, 2012, 5 de fevereiro):

Esta pesquisa é baseada numa revisão da literatura sobre a vida pública em geral e questões urbanas nas favelas do Rio, em observações e entrevistas, e em encontros e percepções obtidas no trabalho com Comunidades Catalisadoras. Tentarei explorar a questão dos espaços públicos nas favelas do Rio: como a metodologia dos estudos da vida pública pode ser aplicada às favelas do Rio, mas também o que os planeadores urbanos podem aprender com a dinâmica dos assentamentos informais.

Iniciando hipóteses sobre caraterísticas e tensões nos espaços públicos das favelas cariocas:

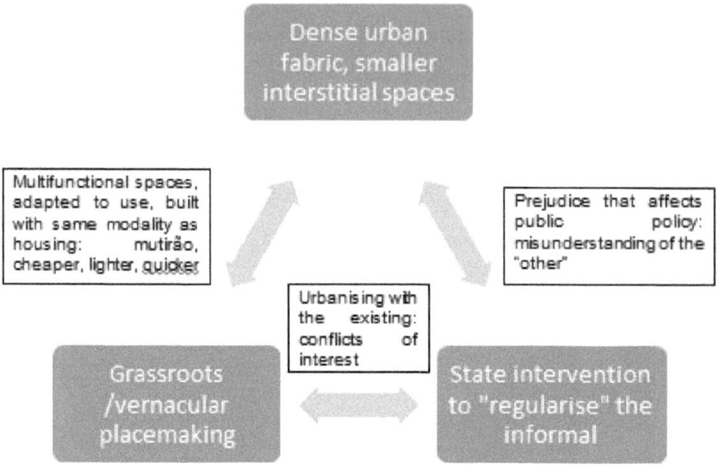
Dense urban fabric, smaller interstitial spaces
Multifunctional spaces, adapted to use, built with same modality as housing: mutirão, cheaper, lighter, quicker
Prejudice that affects public policy: misunderstanding of the "other"
Urbanising with the existing: conflicts of interest
Grassroots /vernacular placemaking
State intervention to "regularise" the informal

A importância dos espaços públicos nas cidades

O espaço é uma área sem significado, ao passo que o lugar: "um lugar onde as pessoas podem ir e interagir e que tem algum tipo de significado ou relação com ele" (Pearce, 2011, 6 de novembro). O lugar é o "espaço humanizado" (Tuan, 1977): as ligações pessoais e emocionais a um determinado espaço. "Lugar refere-se aos atributos e valores que associamos individualmente a um local" (Fellman et al., 2007). Pode haver um certo eco da noção de território; no entanto, o termo implica geralmente uma maior extensão com um sentimento de apropriação. As palavras espaço e lugar podem ser usadas para descrever o mesmo objeto, mas o foco deste artigo são as modalidades de placemaking das favelas do Rio e os desafios associados a elas.

Gehl e Svarre (2013, p2) dão uma descrição alargada da vida pública: é o que podemos sair e observar; a vida pública é "tudo o que acontece entre edifícios, de e para a escola, em varandas, sentado, de pé, a pé, de bicicleta, etc." Em *Life between buildings: using public space* (2001), Gehl apresenta uma tipologia das actividades que ocorrem nos espaços públicos exteriores. Os três tipos são: actividades necessárias, actividades opcionais e actividades sociais. As actividades necessárias implicam frequentemente deslocações a pé e ocorrem apesar do nível de qualidade de um espaço e das alterações climáticas, ao passo que as actividades facultativas ocorrem quando o ambiente é mais favorável. Por conseguinte, deve ser dada importância às actividades opcionais no processo de planeamento: a adaptação do ambiente construído pode encorajá-las.

Relação entre a qualidade dos espaços exteriores e a frequência das actividades (Gehl, 2001, Three Types of Outdoor Activities):

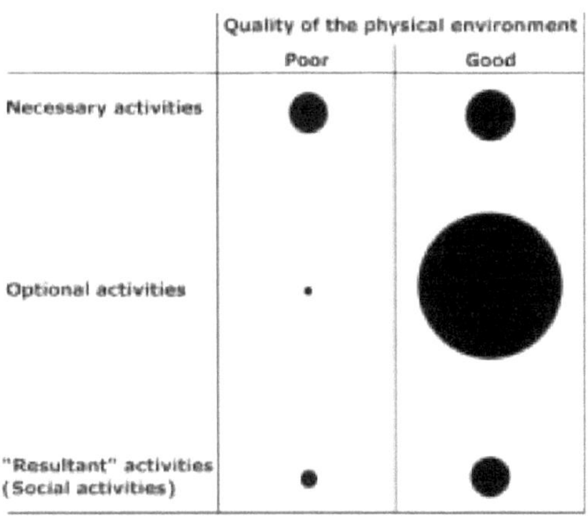

A terceira categoria, a atividade social, resulta das outras duas: é o que acontece quando várias pessoas ocupam um lugar. Interagem quer passivamente, vendo e ouvindo os transeuntes, quer ativamente, por exemplo, no seio de grupos de pessoas que têm algo em comum, como esperar no mesmo local ou já se terem visto antes (Gehl, 2001). As três categorias de Gehl (2001) não são herméticas, mas ocorrem simultaneamente em espaços partilhados: "as actividades funcionais, recreativas e sociais entrelaçam-se em todas as combinações possíveis" (Gehl, 2001, Three Types of Outdoor Activities).

Thalis e Cantrill (n.d.) escrevem que "a sociedade democrática aberta baseia-se na vida pública em todas as suas manifestações"; além disso, que:

O espaço público, o espaço dos cidadãos, é a representação física da democracia; a cidade aberta de ruas, parques, passeios, cais e cortes, pontes e vias subterrâneas, praças e tribunais, ruas e avenidas, infra-estruturas e transportes, monumentos e memoriais.

As salas públicas são a face exterior das instituições públicas; grandes ou pequenas, grandiosas ou íntimas, representam e acolhem a vida pública, englobando instituições sociais, culturais, políticas e judiciais, colectivas, administrativas, recreativas, desportivas, educativas, ambientais, religiosas e seculares.

Convergência de objectivos comunitários em torno de locais públicos urbanos (Project for Public Spaces d, n.d.):

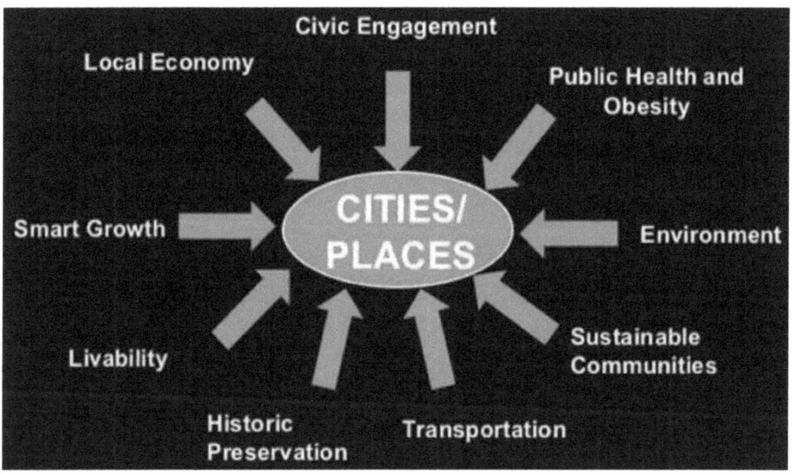

No entanto, esta convergência de manifestações da vida pública não é fortuita: os espaços públicos são o resultado de processos de planeamento intencionais. De facto, observou-se que se se planear para carros e tráfego, obtêm-se mais carros e tráfego ou, como Jane

Jacobs já dizia em 1954, (Project for Public Spaces d, n.d.):

A erosão das cidades pelos automóveis processa-se como uma espécie de mordidela. Pequenas mordidelas no início, mas eventualmente mordidelas pesadas. Uma rua é alargada aqui, outra é endireitada ali, uma avenida larga é convertida num fluxo de sentido único e mais terreno é destinado a estacionamento. Nenhum dos passos deste processo é crucial em si mesmo, mas cumulativamente o efeito é enorme.

O estudo sistemático da interação entre a vida pública e o espaço público teve início na década de 1960, com as críticas de investigadores, jornalistas e público em geral ao urbanismo moderno. A criação da cidade estava, de facto, centrada na estrutura e no design, mas dividida entre especialidades e sem olhar para o quadro holístico, negligenciando a qualidade de vida e a vitalidade dos espaços públicos. Esta negligência reflecte-se em termos como "comunidades-dormitório" e "empobrecimento cultural", utilizados para descrever espaços de grande escala, funcionalistas e racionalizados, onde o automóvel domina, construídos num período de crescimento urbano (Gehl e Svarre, 2013).

Cidades centradas no automóvel (Project for Public Spaces d, n.d.):

O espaço público e a vida pública andavam geralmente de mãos dadas, mais nas cidades medievais que cresciam de acordo com as necessidades do que na rápida implementação de planos modernistas de grande escala. Este conhecimento da adaptação perdeu-se durante a modernização e a industrialização; a solução consiste em desenvolver ferramentas para compreender melhor a dimensão pedonal, que desde então tem sido pouco tida em conta na cidade (Gehl e Svarre, 2013). Christopher Alexander afirma que, ao contrário do planeamento moderno e funcionalista, a complexidade das cidades "é, na verdade, o que cria vida, beleza e harmonia baseada no local/específica do local" (Gehl e Svarre, 2013, p53). *Em Der Stadtebau nach seinen künstlerischen Grundsatzen* (1889), "Sitte sublinhou a importância de criar espaço para as pessoas, em vez de se concentrar em linhas rectas e soluções técnicas, e usou as qualidades das cidades medievais tradicionais como um bom exemplo" (Gehl e Svarre, 2013, p42). Se compararmos as áreas urbanas dominadas por edifícios novos e de grandes dimensões com as áreas com edifícios mais antigos e mais pequenos, estas últimas terão uma pontuação mais elevada em vários indicadores de vitalidade urbana (Benfield, 2014, 6 de outubro). Benfield argumenta que somos atraídos para os bairros históricos não só pela sua facilidade de deslocação e familiaridade, mas também porque são densos e têm uma escala humana.

O enfoque geral na forma física do nosso ambiente construído, mais do que na vida que nele acontece, deve-se talvez ao facto de a primeira parecer menos abstrata, mais previsível e mais fácil de trabalhar e de falar do que "as qualidades subtis, quase indefiníveis - mas definidas - que sempre estiveram relacionadas com os encontros das pessoas nos espaços públicos" (Gehl, 2001, prefácio). Os críticos dos anos 60 incluíam Jane Jacobs, William Whyte, Christopher Alexander e Jan Gehl, que serão todos mencionados neste artigo. Os principais princípios de estudo e planeamento da vida pública provêm dessa época, embora tenham sido aperfeiçoados e adaptados ao contexto de mudança das cidades. A vida pública foi incorporada no planeamento desde meados da década de 1980 como um elemento estratégico na competição entre cidades para atrair a classe criativa. A partir dos anos 2000, a sua integração na prática do planeamento urbano é quase um dado adquirido, uma vez que a experiência demonstrou que é necessário promover a vida na rua num mundo em que cada vez mais pessoas estão isoladas nos seus automóveis. Estamos muito longe do tempo em que Jane Jacobs (1961) criticava o planeamento modernista por criar cidades sem vida e defendia a diversidade e a vitalidade das comunidades; antes dela, não havia conhecimento formalizado sobre a interação entre a forma e a vida na cidade (Gehl e Svarre, 2013).

No prefácio do livro *How to Study Public Life* (2013), de Jan Gehl e Brigitte Svarre, George Ferguson, presidente da Câmara de Bristol, questiona a concorrência entre cidades: "não deveria essa concorrência centrar-se na qualidade de vida, na experiência de viver, trabalhar e visitar as cidades e não nos aspectos superficiais representados pelo edifício mais alto, os maiores espaços ou os monumentos mais espectaculares?" O arquiteto Ralph Erskine recorda-nos (Gehl, 2001, prefácio):

A tão útil arte da arquitetura atinge o seu maior potencial quando está mais bem sintonizada não só com as necessidades especiais espectaculares, mas também com as necessidades quotidianas pouco dramáticas e até íntimas das pessoas, quando funcionam individualmente ou em grupo. É também essencial que nos lembremos que são as situações quotidianas que são importantes e que moldam a maior parte das nossas vidas e das nossas cidades.

O presidente americano Jimmy Carter disse uma vez: "uma nação forte, tal como uma pessoa forte, pode dar-se ao luxo de ser gentil, firme, ponderada e contida. Pode dar-se ao luxo de estender uma mão amiga aos outros. É uma nação fraca, tal como uma pessoa fraca, que tem de se comportar com fanfarronice, gabarolice, temeridade e outros sinais de insegurança". (Keillor, 2014, 1 de outubro)

Ferguson (citado em Gehl e Svarre, 2013) enfatiza a importância de estudar o espaço público: olhando e aprendendo a ajustar o urbanismo de modo a colocar em primeiro lugar o que as pessoas querem. Os problemas criados pelo urbanismo moderno, centrado no automóvel e sem vida, têm de ser observados e descritos, para tornar os utilizadores da cidade visíveis para os actores políticos e de planeamento. Combinando o conhecimento do comportamento público com o conhecimento dos espaços, estruturas e sistemas urbanos, o estudo transdisciplinar da vida urbana visa posicioná-la como uma importante dimensão de planeamento (Gehl e Svarre, 2013). Os estudos medem vários elementos relativos à vida pública e podem, a partir de agora, influenciar as políticas públicas, quer ao nível de um plano de cidade, quer ao nível de projectos individuais de ruas, parques ou praças (Gehl e Svarre, 2013). Espaço público - estudos sobre a vida pública:

Os estudos também permitem que o espaço público e as suas utilizações sejam vistos num contexto mais alargado. Fornecendo uma visão holística da cidade, os estudos ilustram como os vários espaços públicos podem ser vistos em relação uns aos outros em diferentes momentos do dia, da semana e do ano, em vez de como projectos urbanos individuais. (Gehl e Svarre, 2013, p127).

Em muitas cidades durante o século XX, o advento do automóvel e o desejo de casas maiores e mais arejadas levaram a mais espaço entre os edifícios e a um ambiente menos propício à vida pedonal. O aumento da velocidade e das distâncias também levou ao desaparecimento da escala humana (Gehl e Svarre, 2013).

Orofino (2014, 3 de novembro) associa a diminuição da felicidade nos Estados Unidos nas últimas três décadas ao desaparecimento de espaços públicos de qualidade nas cidades do "sonho americano":

Observa-se, assim, um declínio nas relações que nos fazem felizes, um aumento da solidão e uma diminuição da solidariedade, da honestidade e da participação social e cívica (Orofino, 2014, 3 de novembro). No entanto, a boa notícia é que quando se concebe uma comunidade em torno das pessoas, obtém-se mais pessoas: placemaking é um processo inclusivo para transformar um espaço pelo qual as pessoas apenas passam num espaço com uma história partilhada, no qual as pessoas querem ficar (Project for Public Spaces d, n.d.).

À medida que a população urbana cresce em todo o mundo, "as cidades são vistas como o local onde os desafios futuros devem ser enfrentados": foram acrescentadas mais dimensões ao papel dos espaços públicos (Gehl e Svarre, 2013, p71):

O acesso aos espaços públicos aumenta a habitabilidade de uma cidade (Hack, 2014, 26

de setembro), mas estes são complexos e multidimensionais, pelo que o seu planeamento e programação têm de ter em consideração as suas várias facetas. Por exemplo, para criar grandes ruas, é necessária uma combinação de curiosidade, caos, escolhas, com lugares especiais e pontos de descanso: a arte do caminho. Para tornar os destinos atractivos, é necessário agrupar pontos de interesse, idealizando pelo menos 10 pontos diferentes: alimentação, mercados, comércio, arte, diversão, educação, saúde e lazer. Devem ser oferecidas opções de lugares sentados; as comodidades devem ser trianguladas para criar agrupamentos; as bases activas dos edifícios devem oferecer margens suaves para o espaço público; devem ser programados geradores de atividade, tais como celebrações culturais, cívicas e sazonais (Project for Public Spaces n, n.d.).

Alexander et al. (1977) recomendam que se incentivem as concentrações de pessoas agrupando as instalações comunitárias em "nós" de atividade que devem ter as quatro propriedades seguintes:

- Devem ser um ponto de convergência dos percursos pedonais.
- Devem assumir a forma de uma pequena praça pública.
- Os equipamentos presentes devem ser complementares, criando relações simbióticas entre si, dirigindo-se a um determinado público numa determinada altura do dia.
- A distribuição dos nós deve ser bastante equitativa ao longo da comunidade, para evitar "zonas mortas".

Padrão ideal de local público de acordo com Alexander et al. (1997)

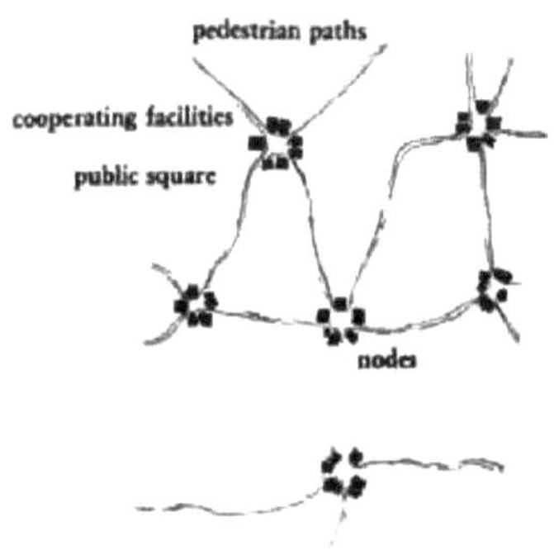

Em geral, a facilidade de locomoção e a atratividade dos espaços públicos devem ser intencionalmente promovidas para permitir a co-presença de diversos grupos e utilizações (Project for Public Spaces n, n.d.).

What makes a place great (Projeto para Espaços Públicos d, n.d.):

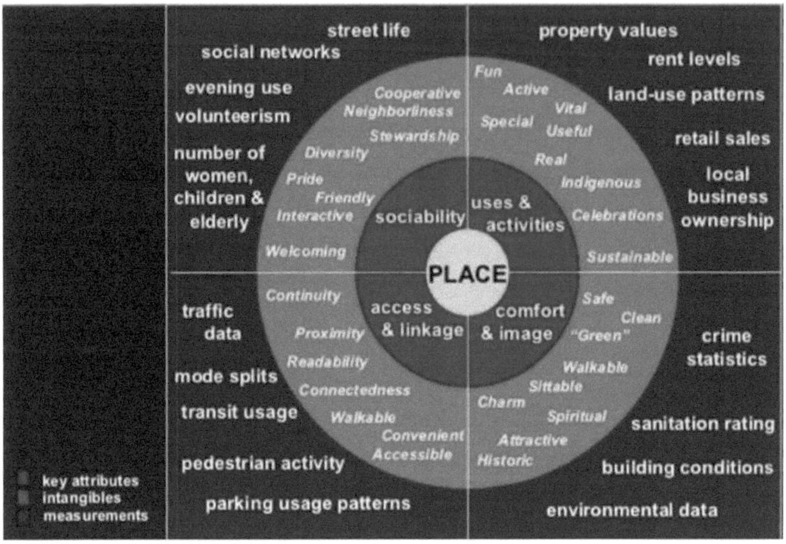
PLACE
sociability
uses & activities
access & linkage
comfort & image
street life
social networks
evening use
volunteerism
number of women, children & elderly
Cooperative
Neighborliness
Stewardship
Diversity
Pride
Friendly
Interactive
Welcoming
property values
rent levels
land-use patterns
retail sales
local business ownership
Fun
Active
Vital
Special
Useful
Real
Indigenous
Celebrations
Sustainable
traffic data
mode splits
transit usage
pedestrian activity
parking usage patterns
Continuity
Proximity
Readability
Connectedness
Walkable
Convenient
Accessible
Safe
Clean
"Green"
Walkable
Sittable
Charm
Spiritual
Attractive
Historic
crime statistics
sanitation rating
building conditions
environmental data
key attributes
intangibles
measurements

Localização e contexto dos sítios de estudo de caso

Localização das favelas onde estão situados os três espaços públicos estudados: A Providência fica no centro da cidade do Rio de Janeiro, enquanto Santa Marta e Rocinha ficam na Zona Sul:

Santa Marta

Santa Marta é provavelmente a favela mais turística do Rio, conhecida por uma praça com uma estátua e um mosaico de Michael Jackson, foi também a primeira a ser "pacificada". As placas presentes na praça dizem que a laje onde Michael Jackson gravou seu vídeo é o ponto mais visitado pelos turistas no Santa Marta. Foi criada e é mantida pela Coral, uma empresa de tintas que também intervém noutros projectos em Santa Marta, com o apoio da Câmara Municipal do Rio e em parceria com a associação de moradores (fotos pessoais):

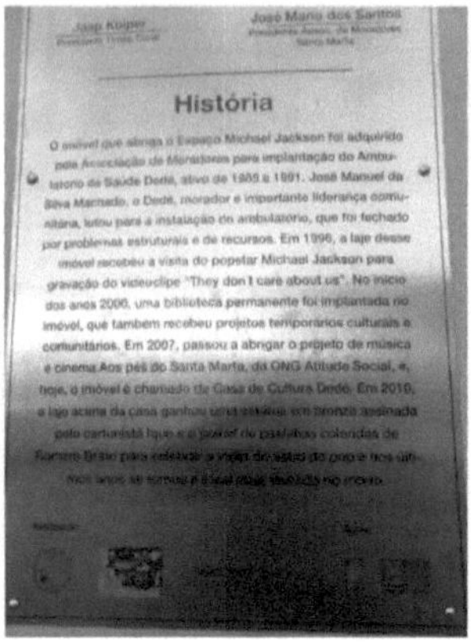

Um mapa e um guia, ambos encontrados na praça Corumbá, no fundo da favela, oferecem informações úteis aos turistas estrangeiros que desejam descobrir Santa Marta (Worms, 2011, 4 de agosto). É também o ponto de partida para uma caminhada, feita principalmente por estrangeiros, mas também por alguns brasileiros, que leva a belas vistas da cidade, e foi uma das comunidades destacadas por um circuito gastronómico (fotos pessoais):

Escolhi o campo de futebol e a área ao redor dele, no alto da favela, como local de estudo do Santa Marta (foto pessoal):

O meu ponto de observação por cima do campo de futebol em Santa Marta foi escolhido para tentar não interferir com a dinâmica do espaço, mas os rapazes de baixo avistaram-me e tornaram-se bastante opressivos, e as pessoas que saíam da estação final do plano inclinado (a vermelho) também ficavam curiosas. Estudei a praça da Providência com uma arquiteta, Manon Troux, e a nossa presença também não passou despercebida (fotos pessoais):

Rocinha

A Rocinha é a maior e mais densa favela das Américas (Roller, 2011, 27 de setembro). Ela se parece mais com uma cidade dentro da cidade do que outras favelas, por exemplo, possui mais supermercados e lojas de roupas, e também apresenta edifícios mais altos e becos mais estreitos. Essa morfologia contrasta com o projeto habitacional do Programa de Aceleração do Crescimento (PAC), financiado pelo governo federal, na Rocinha, chamado Rua 4: blocos de apartamentos com ruas mais largas. O ambiente ali é mais próximo ao da cidade formal, com portas fechadas e carros estacionados.

Ruas estreitas e íngremes na Rocinha (fotos pessoais):

Uma rua no quarteirão de habitação do PAC (fotos pessoais):

Localização e foto do local de estudo na Rocinha, uma pequena praça entre blocos de apartamentos do PAC (foto pessoal):

Providência

O Morro da Providência, a favela mais antiga do Rio de Janeiro, surgiu no final do século XIX, próximo ao local onde funcionava o mercado de escravos, confirmando a desigualdade entre a "periferia" e outras partes da cidade (Do Valongo à Favela: imaginário e periferia, 2014, 19 de junho).

Praça Américo Brum na Providência, cinco meses antes do trabalho de observação e entrevistas (fotos pessoais):

É dominada pela presença da estação de teleférico (fotos pessoais):

Observação da vida pública nas favelas

A minha grelha de análise é inspirada na que utilizámos no curso de Infra-estruturas Verdes e Ecologia Urbana da Pontifícia Universidade Católica do Rio de Janeiro: Projeto Paisagístico para Cidades Sustentáveis e Resilientes. Os nossos professores, Cecilia Herzog e Pierre-André Martin, pediram-nos para ler a paisagem através do espetro de seis categorias: geológica, hidrológica, biológica, social, metabólica e circulatória. Combino esta metodologia com uma evocada em Richter & Weiland (2011) que envolve três categorias para classificar processos: processos abióticos, processos bióticos, processos culturais, e sugere que elementos devem ser encontrados em cada categoria. Os espaços observados estão inseridos num tecido humano denso e, por conseguinte, os elementos "naturais" são provavelmente menos prevalecentes do que os elementos antrópicos.

A minha observação da vida pública em Santa Marta, Rocinha e Providência baseia-se na crença de Jacobs (1961, p6) de que "as cidades são um imenso laboratório de tentativas e erros, fracassos e sucessos, na construção e no desenho de cidades. Este é o laboratório no qual o planeamento urbano deveria ter aprendido, formado e testado teorias". A metodologia é muito inspirada no trabalho de Jan Gehl, que resumiu em *How to study public life* (2013): "os estudos incluíam (e continuam a incluir) o registo de numerosas relações espaciais (espaço público) complementado pelo estudo da vida na cidade (vida pública), que juntos documentam como a cidade funciona no seu todo e em espaços individuais" (Gehl e Svarre, 2013, p155).

Por exemplo, a ideia de mapear "fachadas abertas e activas com muitos pormenores, aberturas de portas, contacto entre o interior e o exterior" e "secções de fachada fechadas e inactivas com poucos pormenores, janelas cegas ou nenhumas" no plano do espaço vem de Gehl e Svarre (2013, p104) que notam uma correlação entre arestas suaves e atividade (p105):

Contei quantas pessoas atravessam o espaço e quantas ficam lá para avaliar o fluxo de peões e a atividade estacionária, tendo em conta o tempo e a hora do dia. Tracei linhas que representam os itinerários dos peões: sem precisão cirúrgica, mas para mostrar o padrão geral do movimento. Mapeei o local onde as pessoas permaneciam, de pé ou sentadas, com diferentes símbolos e anotei as suas diferentes actividades. A questão do "onde" pode estar relacionada com o local onde as pessoas se situam em relação a outras pessoas, edifícios e espaços da cidade ou com as condições climatéricas" (Gehl e Svarre, 2013, p15): ao sol ou à sombra, por exemplo. Anotei a faixa etária e o género de cada pessoa: "o conhecimento básico sobre o comportamento de vários grupos de pessoas pode ser usado para planear formas mais precisas de acomodar as necessidades de mulheres, crianças, idosos e deficientes, por exemplo" (Gehl e Svarre, 2013, p14).

A avaliação dos espaços públicos foi inspirada nos 12 critérios de Jan Gehl (2013, p107) para avaliar as qualidades da conceção/detalhamento dos espaços públicos através da paisagem pedonal:

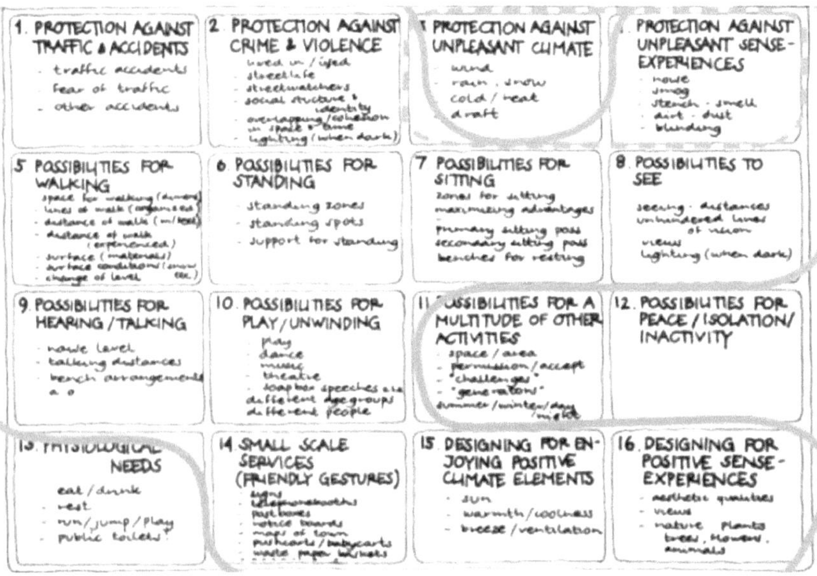

Durante todo o meu tempo nas favelas do Rio, seja diretamente para este trabalho de pesquisa ou para o meu estágio nas Comunidades Catalisadoras, documentei minha experiência através da fotografia: usando "cenas familiares da vida urbana diária para enfatizar como o espaço é usado, exemplos do que funciona e não funciona" (Gehl e Svarre, 2013, p61). E, tal como o Prof. Maciel recomendou, registei as minhas impressões e sentimentos: "o melhor tipo de teste é ir à ópera ou a outro espaço público e sentir, em relação ao próprio corpo, se os espaços parecem demasiado grandes, demasiado pequenos, ou talvez mesmo certos. Experimentar pessoalmente as relações e escalas espaciais terá sempre o impacto mais útil" (Gehl e Svarre, 2013, p108).

Assim, a grelha de análise que utilizei para ler e mapear os espaços públicos de Santa Marta, Rocinha e Providência é:

Tempo de observação	**O que observar**	**Como transcrever as observações**
À chegada ao sítio de	**Observação**	Escrever:

observação e antes / depois de utilizar as previsões meteorológicas para o dia	**condições**	> Data > Tempo > Condições climatéricas
Durante alguns minutos após a chegada	**Forma do local de estudo**	> Lápis na forma do local de estudo
Durante alguns minutos após a chegada	**Condições abióticas do local**	> Mapear as áreas de sol e de sombra a amarelo pelo seu limite: <-/-> > Cartografar o solo, se for caso disso, com observações, desenhando uma fronteira (castanha) com as zonas impermeáveis > Anotar informações sobre o fluxo de vento > Escrever informações sobre declives no mapa > Mapear os fluxos de água/líquidos a azul com a direção
Durante alguns minutos após a chegada, e depois durante todo o tempo, se aparecer algum animal	**Flora e fauna**	> Cartografar a vegetação, separada por estrato: o Matéria vegetal e animal em decomposição o Plantas herbáceas o Arbustos o Árvores > Escrever notas sobre os animais observados
Durante alguns minutos após a chegada	**Diversidade de funções**	> Escrever a função dos edifícios por detrás de cada fachada
Durante alguns minutos após a chegada	**Fachadas**	> Mapear janelas abertas e fechadas: símbolos pretos no limite do espaço
Durante alguns minutos após a chegada	**Iluminação pública**	> Mapa da iluminação pública em cor de laranja
Durante alguns minutos	**Lugares para**	> Mapear os bancos/cadeiras como quadrados

após a chegada, adicionar depois os eventuais assentos secundários	**sentar**	pretos > O mapa utilizou os lugares secundários a tracejado praças
Durante alguns minutos após a chegada	**Outras comodidades**	> Mapear como uma cruz e escrever detalhes para: o Sinais, quadros de avisos, mapas da cidade o Cabinas telefónicas o Caixas de correio o Caixotes do lixo
Durante 30 minutos	**Fluxo pedonal**	> Itinerários do mapa a vermelho com seta a indicar a direção > Contar o número de pessoas que atravessam o espaço e anotar o sexo, a faixa etária (criança/adolescente/adulto/idoso) e qualquer informação suplementar: se transportam alguma coisa, se empurram uma bicicleta, etc., ao lado do número de cada "fluxo
Durante 30 minutos, ao mesmo tempo que o fluxo de peões	**Pessoas que ficam no espaço**	> Mapa das pessoas de pé (círculo vazio) e sentadas (círculo completo) a roxo > Contar o número de pessoas sentadas e de pé no espaço e anotar o sexo, a faixa etária (criança/adolescente/adulto/idoso) e qualquer informação adicional sobre a atividade junto à letra de cada círculo
Reflexão após estes dois momentos	**Potencialidades e utilizações**	> Escreva as seguintes necessidades são satisfeitas e se as pessoas utilizam o elementos: o Comer / beber o Descanso

- o Jogo / exercício
- o Utilizar a casa de banho
- o Outras actividades

Em todo o lado	**Qualidade visual e cenas de vida quotidiana**	> Tirar fotografias de tudo o que seja notável
No final da observação	**Sentimentos e impressões**	> Anotar as sensações sensoriais ou emocionais: incómodos, qualidades...

Cartografia do espaço físico e das actividades em torno do campo de futebol em Santa Marta:

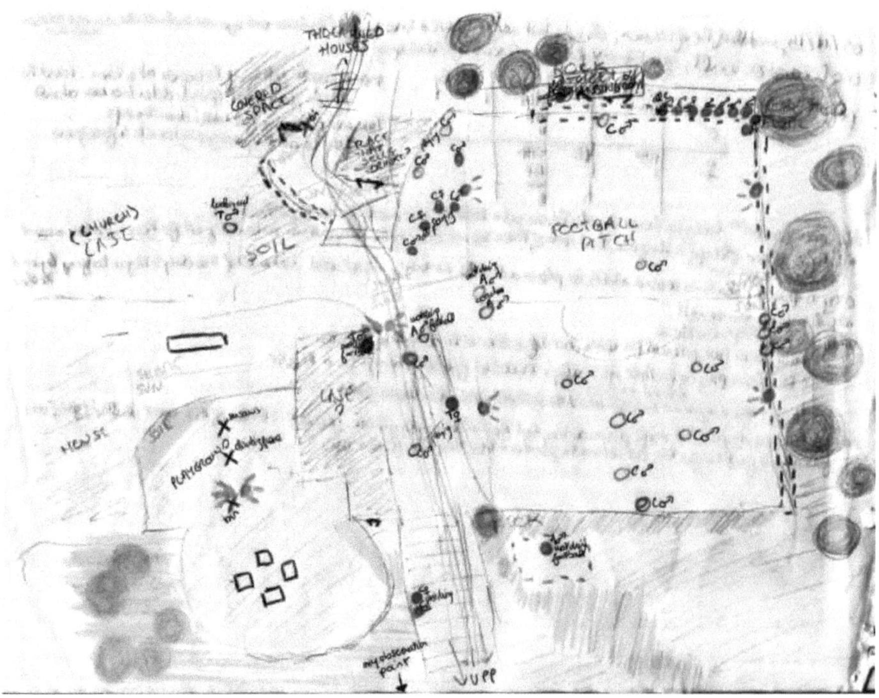

Mapeamento do espaço físico e das atividades na praça do PAC na Rocinha:

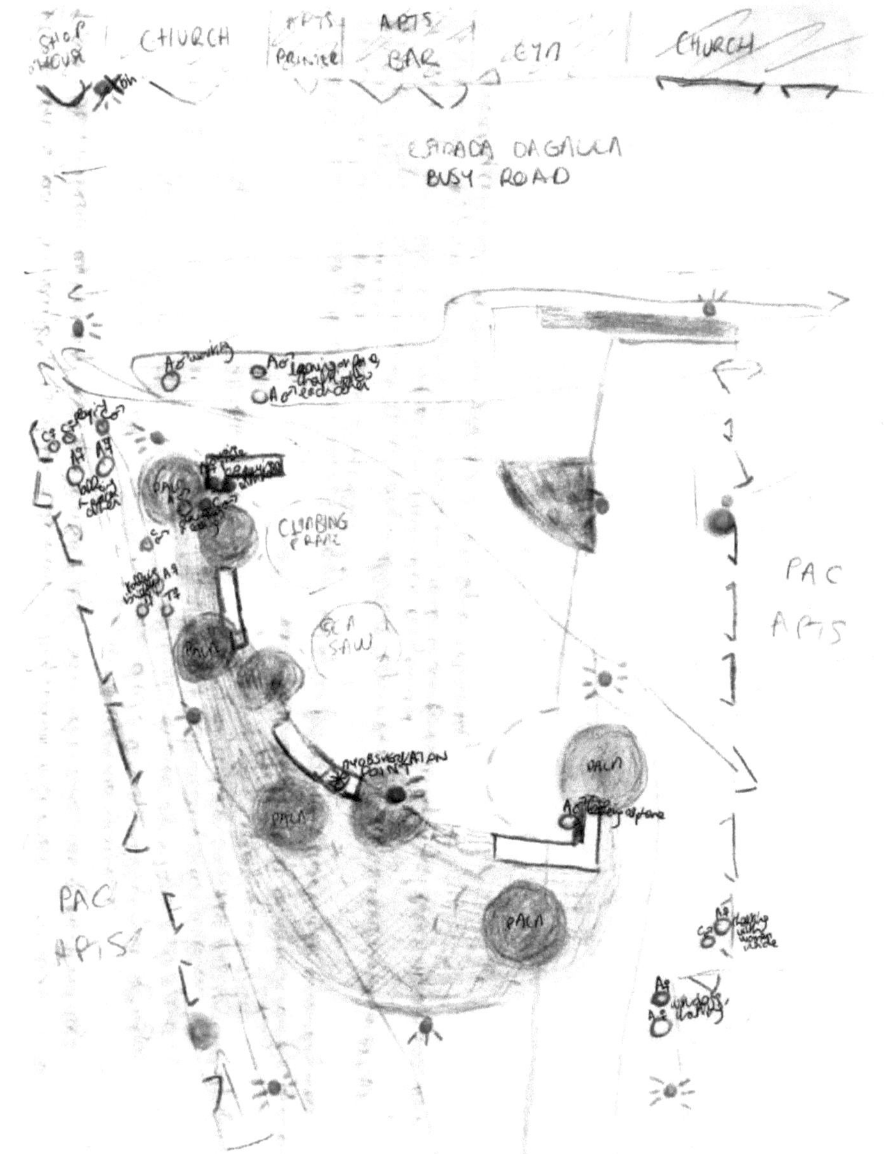

Mapeamento do espaço físico e das atividades na Praça Américo Brum em Providência:

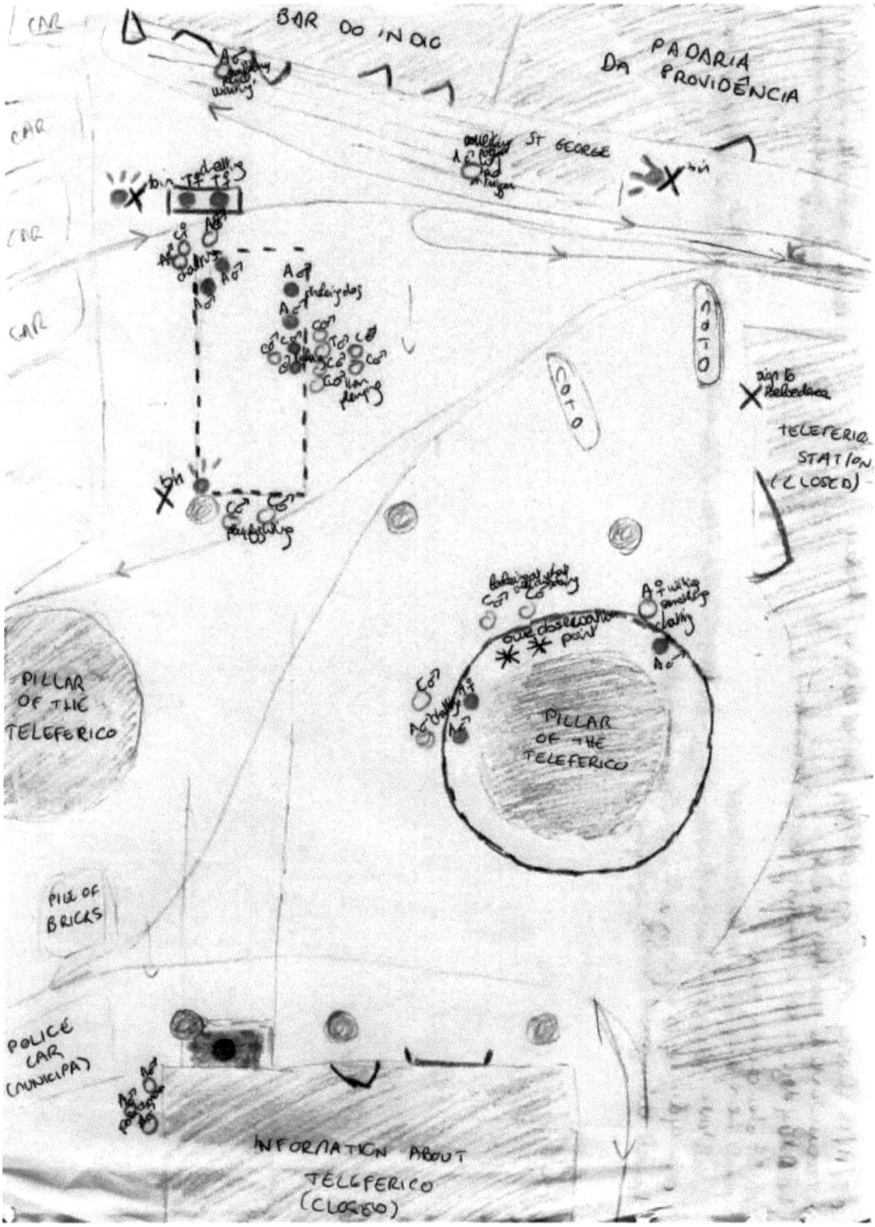

Perguntar à comunidade sobre a utilização dos espaços

O Prof. Le Bourlegat insistiu que a autonomia crítica é necessária para detetar as potencialidades e os limites dos actores e do território para iniciar o processo de desenvolvimento sustentável. A ideia é desenvolver a capacidade de compreender os problemas dos outros (dentro de mim), ao mesmo tempo que se pensa nesses problemas com a abordagem específica da cientificidade do investigador. Na sua apresentação sobre a problematização na investigação: autonomia e crítica, aconselhou a ouvir as pessoas para encontrar o lado crítico. O desenvolvimento é a transformação para algo melhor, não o crescimento capitalista e materialista. O desenvolvimento é sempre uma dinâmica, um processo e não uma abordagem orientada para os resultados. O desenvolvimento é o comportamento das pessoas, a sua criatividade, a sua capacidade de organização face a problemas que não param. O desenvolvimento é feito por actores, sujeitos e não apenas objectos, que agem com a sua perceção. O investigador não pode ser neutro quando entra numa comunidade e quando dialoga com os actores. O mais importante é saber o que eles pensam; caso contrário, dou-lhes o seu desenvolvimento. A autonomia e a liberdade crítica do investigador dependem da coragem de reconhecer os limites do seu próprio conhecimento para dialogar com o conhecimento dos actores locais, a fim de ter uma ideia mais justa.

Inspirado no estudo dos parques de Berkeley efectuado por Alexander et al. (1977), coloquei as seguintes questões a 15 pessoas encontradas em cada local estudado:

	Em inglês	Em português
Introdução	Desculpem, estou a fazer uma pesquisa sobre espaços públicos no Rio para a minha tese de mestrado. Gostaria de saber o que pensam as pessoas que utilizam este espaço. Posso fazer-lhe algumas perguntas sobre este espaço? Será bastante rápido e anónimo.	Com licença, estou fazendo uma pesquisa sobre os espaços pùblicos no Rio para minha dissertaçâo de mestrado. Eu gostaria de saber o que as pessoas que usam este espaço pensam. Posso por favor fazer algumas perguntas sobre este espaço? Vai ser rapidinho e anónimo.
Ligação emocional e qualidade	Gostaria de saber se gosta deste espaço; poderia, por favor, classificar este espaço entre 0 e	Eu gostaria de saber se você gosta deste espaço; você poderia por favor avaliar este espaço entre 0 e 5? 0 é:

percebida do espaço	5? 0 é "não gosto mesmo nada deste espaço"; 5 é "adoro mesmo este espaço". Portanto, as opções são:		"Eu realmente não gosto deste espaço"; 5 é "Eu realmente amo este espaço." Então as opções são:	
	0 1 2 3 4 5		0 1 2 3 4 5	
Aspectos positivos do espaço	Quais são as qualidades, as coisas boas deste espaço?		Quais são as qualidades, as coisas boas deste espaço?	
Aspectos negativos do espaço	Quais são os problemas, os desafios deste espaço?		Quais são os problemas, os desafios deste espaço?	
Potenciais melhorias	Que melhorias gostaria de ver aqui, por exemplo, actividades que gostaria de fazer ou coisas que gostaria de ver?		Que melhorias você gostaria de ter aqui, por exemplo actividades que você gostaria de fazer ou coisas que você gostaria de ver?	
Frequência	Quando é que a foram esteve cá?	última vez que	Quando foi a ùltima vez que você estava aqui?	
		Dentro desta favela, perto daqui		Dentro desta favela, perto daqui
		Dentro desta favela, longe daqui		Dentro desta favela, longe daqui
Acesso	Onde é que	Noutra favela	Onde você	Em uma outra favela
	ao vivo?	No asfalto	mora?	Sem "asfalto"
		No Brasil, mas não no Rio		No Brasil, mas em uma outra cidade
		Noutro país		Em um outro país
Ocupação	Qual é a sua profissão?		Qual é a sua ocupação?	
Idade	Qual é a sua idade?		Qual é a sua idade?	

Género	Será deduzido			

Os resultados dos processos de observação e de entrevista serão discutidos juntamente com a investigação bibliográfica e os conhecimentos adquiridos com a minha experiência na ONG Comunidades Catalisadoras.

As favelas do Rio de Janeiro através do espetro da vida pública

História: a casa dos criativos marginalizados

A favela, hoje cada vez mais parecida com um bairro formal, seja na zona sul, no centro ou na periferia do Rio de Janeiro, está na raiz da questão social brasileira, herdada do tráfico de escravos. Seu tratamento hierárquico, diferenciado e desigual marca a construção e manutenção da cidade e da sociedade (Rocha, 2012).

A exposição Do Valongo à Favela: imaginário e periferia (2014, 19 de junho) mostra traços contemporâneos da escravidão e de outros processos de exclusão, ao mesmo tempo em que proclama as raízes africanas da sociedade brasileira como uma das riquezas do país. A favela tem uma longa história e é parte fundamental da memória e dos modos de vida brasileiros. O Brasil foi de longe o país que recebeu a maior quantidade de escravos durante o tráfico atlântico de escravos, um comércio que de facto deixa marcas profundas no Rio de Janeiro, o principal porto de entrada. A favela é" o traço mais distintivo da nova exclusão dos libertos da escravatura, mas ainda sob a persistência dos valores escravistas e do poder pós-colonial" (Do Valongo à Favela: imaginário e periferia, 2014, 19 de junho).

Fotografia do final do século XIX da primeira favela do Rio, o Morro da Providência (Williamson, 2013, 19 de setembro) e uma de suas igrejas hoje (Hora, 2011, 29 de julho):

As favelas começam muitas vezes como casas de madeira temporárias, mas evoluem para um aglomerado urbano que é muito mais do que aquilo que a palavra "bairro de lata" poderia descrever.

Essa foto aparentemente rural de 1960 é agora um centro dinâmico dentro da comunidade do Borel; as favelas do Rio de Janeiro de fato mudam rapidamente (Goodenough, 2014, 18 de agosto):

O estigma associado às favelas (Catalytic Communities, 2014, 2 de maio) manifesta-se, de facto, nas suas quatro traduções inglesas frequentes: "slum" (Robertson, 2014, 20 de julho), que transmite a ideia de precariedade e miséria absolutas; "shanty-town", que evoca um aglomerado aleatório de barracos de madeira improvisados; "squatter community", que estigmatiza os moradores por ocuparem a terra a que chamam casa; ou "ghetto", que reforça a sua marginalização. Os termos, ao fomentar o estigma, dificultam o desenvolvimento destas comunidades (Goodenough, 2014, 20 de setembro).

Não reflectem a realidade das favelas do Rio, quase todas compostas por casas de vários andares, feitas de tijolo e aço. Elas são construídas através de um processo aprendido ao longo de várias gerações: O Rio de Janeiro foi, de facto, o berço das primeiras favelas do

Brasil. Atualmente, a cidade possui mil favelas, cada uma diferente da outra, mas todas definidas pela falta de regulamentação e pelo seu desenvolvimento orgânico (Williamson, n.d.). Um terço da população vive em favelas; sofrem de problemas de saneamento e de infra-estruturas, mas, ao mesmo tempo, estes aglomerados humanos são extremamente dinâmicos, criativos e empreendedores (Goodenough, 2014, 20 de setembro).

Intervenção do Estado nas margens da cidade

A antropóloga Mariana Cavalcanti iniciou uma palestra sobre a estética da intervenção do Estado na paisagem, dizendo que as favelas fazem parte das "margens" por pelo menos dois motivos. Elas estão no Sul global e às vezes estão situadas na periferia da cidade, lugares onde o Estado intervém de uma forma diferente, muitas vezes complicada e questionável (Goodenough, 2014, 18 de agosto).

Muitos estudos, teses, textos, artigos, livros, documentários e filmes de ficção têm sido produzidos sobre as favelas. Há, no entanto, uma prevalência da questão da violência. A imprensa diária a divulga amplamente nas páginas policiais, estampando a "normalidade" do tráfico de drogas, assaltos, assassinatos e banditismo (Rocha, 2012).

A favela, nunca foi reduto de marginal

Ela só tem gente humilde marginalizada

E essa verdade não sai no jornal

A favela é um problema social

A favela nunca foi o reduto dos marginais.

Só tem gente humilde que é marginalizada;

E esta verdade não é publicada.

A favela é um problema social. (Da Silva, 1992)

Durante décadas, a favela era onde a cidade parava (Na base do suor, n.d.): o Estado não fornecia nenhum serviço, como coleta de lixo ou água, muito menos intervenções no ambiente construído. Por isso, os moradores das favelas se reuniram e trabalharam coletivamente para melhorar suas comunidades, através do chamado mutirão (Pilote, 2011, 26 de setembro), uma palavra tupi usada para descrever o trabalho em grupo com benefícios para todos. Na década de 1980, esse trabalho árduo foi remunerado pela primeira vez pelo programa municipal Projeto Mutirao (Osborn, 2012, 27 de setembro).

O Favela Bairro, no entanto, é provavelmente um programa mais significativo de urbanização de favelas no Rio de Janeiro (Osborn, 2012, 26 de novembro). Ele trazia a ideia de fornecer serviços sociais públicos, como creches, para as favelas. O objetivo do Favela Bairro não era ter um impacto na escala da cidade, mas sim respeitar a organização dos espaços dentro das favelas, o que é diferente do que acontece hoje (Goodenough, 2014, 18 de agosto).

Tomemos como exemplo a ponte projetada por Niemeyer na entrada da Rocinha, um projeto do Programa de Aceleração do Crescimento (PAC) (Osborn, 2013, 2 de abril): ela pode ser vista de longe, pode ser lida na paisagem. Cavalcanti, de fato, afirma que o legado do PAC é a inscrição da favela na paisagem urbana; no entanto, não é realmente a favela, mas sim uma ponte, um portal: o que pode ser visto de longe é a conexão, a integração, "a chegada do Estado" (Goodenough, 2014, 18 de agosto):

O enorme elevador do Cantagalo e o teleférico do Alemão são o mesmo símbolo (Poetas, 2014, 7 de julho), ligando a favela à cidade. Cavalcanti diz que é subtil mas eloquente que os turistas que chegam do aeroporto internacional do Rio estejam protegidos da visão das favelas por uma "parede sonora", mas que o teleférico domine visivelmente o Complexo do Alemão (Goonough, 2014, 18 de agosto).

Os teleféricos e as atracções culturais, o conjunto de ferramentas padrão para a renovação das cidades hoje em dia, são boas ilustrações para brochuras olímpicas e apresentações em PowerPoint (Kimmelman, 2013, 25 de novembro):

A colega estagiária Caitlin e eu tivemos uma impressão de forte contraste ao observar os espaços públicos organicamente construídos, cheios de atividade, quer os peões estivessem hospedados ou apenas de passagem, em contraste com as plataformas de visualização minimalistas, frias e obsoletas que foram concebidas e implementadas na Providência.

Espaço íntimo e apropriado com arestas suaves versus espaço moderno e frio de cima para baixo na Providência (fotografias pessoais de maio de 2014):

Na mesma lógica, as construções da Unidade de Polícia Pacificadora (UPP) são muito evidentes nas favelas do Rio (Goodenough, 2014, 18 de agosto).

"O Caminho dos Direitos Humanos" da UPP do Vidigal (Korytowski, 2012, 20 de janeiro):

Os moradores da Rocinha pedem saneamento básico (Canal iBase, 2013, 25 de julho), mas isso não seria tão óbvio na paisagem quanto um projeto de teleférico. Em seu artigo que traça um paralelo entre as políticas públicas no Rio de Janeiro e a música funk ostentação, Bonnisseau (2014, 29 de outubro) escreve: "até mesmo a ênfase das políticas públicas está no superficial, em vez de melhorias reais de bem-estar". Alguns moradores de favelas subvertem essa estratégia, tornando visíveis as mortes ligadas à violência policial por meio de placas sobre as vias públicas. O Estado literalmente deixa sua marca nas favelas através dos sinais nas casas a serem demolidas e nas ruínas deixadas pelos muitos despejos (Comunidades Catalisadoras, 2014, 26 de março):

Arte de rua no bairro da Lapa representando a destruição em favelas em nome de megaeventos desportivos (foto de Ian Waldron) e perguntando "Rio para quem?" sobre as obras em curso na cidade (foto de Andrea Cangialosi):

Os projetos nas favelas parecem ecoar a lógica da cidade formal, em vez de levar em conta e valorizar os ativos da favela.

A área do projeto de habitação pública contrasta com o resto da Rocinha; por exemplo, possui melhor infraestrutura de tratamento de água (fotos pessoais):

No entanto, a lógica parece mais próxima da dos condomínios privados do que da comunidade de favela, mais fechada do que aberta (fotos pessoais):

A infraestrutura desportiva recentemente construída na Rocinha parece mais próxima da lógica dos ginásios privados - a piscina só é acessível durante as aulas programadas; "incentivamos a paixão nacional" está escrito no edifício (fotos pessoais):

As áreas de lazer recém-criadas em Manguinhos ecoam as praças centrais das cidades coloniais espanholas: um oásis de onde tudo se irradia. Cavalcanti observou que, em meio a esse "urbanismo redentor" de serviços e obras públicas, os traficantes e as cracolândias (Hart, Sousa Silva & Lemgruber, 2014, 22 de junho) reaparecem no concreto novinho. Lembrou-nos que o planeamento urbano é complexo, tem resultados mistos e que muitas coisas escapam à implementação dos projectos (Goodenough, 2014, 18 de agosto).

Novos espaços públicos em Manguinhos (Secretaria de Estado de Obras, 2012, 16 de julho):

A ONG Comunidades Catalisadoras espera criar um diálogo que provoque "um reconhecimento crescente do papel das povoações informais num modelo de urbanização sustentável em todo o mundo" e um diálogo sobre "como integrar estas comunidades, passando dos grandes programas de infra-estruturas para programas à escala da comunidade, geradores de emprego e de capacitação, com uma pegada ambiental drasticamente reduzida" (Goodenough, 2014, 20 de setembro).

Que espaços públicos na cidade densa e informal?

Morfologia das favelas: limites suaves entre o público e o privado na cidade densa

Na definição clássica do direito brasileiro, existem três subcategorias de bens públicos, dos quais o Estado é o proprietário ou o gestor. *Os bens de uso comum do povo* são propriedade de toda a sociedade e podem ser utilizados por todos: estradas e ruas públicas, praças, campos de futebol, praias... *Os bens de uso especial* têm uma finalidade determinada: são dirigidos por serviços públicos, por exemplo, escolas e hospitais, ou pelo poder executivo, legislativo ou judiciário. *Os bens dominiais (bens dominiais/dominicais)* são bens públicos sem uso público; podem ser arrendados ao sector privado (Magalhães, 2014).

As autoridades públicas têm o poder de gerir e criar espaços públicos, enquanto as favelas são criadas e organizadas pelos seus habitantes. Quando o Estado chega com programas de urbanização, ele assume a gestão dos espaços públicos que antes eram geridos pelos moradores. Esta situação gera conflitos, pois o poder público pode proibir eventos, pequenos comércios e bares, que antes eram permitidos pela associação de moradores. Os habitantes sentem, portanto, que estão a perder esses bens. A conceção do Estado é que estes espaços públicos não são partilhados, mas sim seus, pertencentes e controlados pelo Estado. Este controlo estatal do público provoca a resistência da sociedade devido ao sentimento de espoliação (Magalhães, 2014).

Os poderes públicos podem também interpretar os espaços públicos como sendo invadidos pelos habitantes. A urbanização consiste em definir o que é o espaço público e o que é o espaço privado. Na realidade, o espaço público é objeto de disputas entre os poderes públicos e as associações de moradores. A função destas últimas é vigiar a utilização dos espaços públicos; mas os poderes públicos não reconhecem esta prerrogativa. Os conflitos estão muito ligados ao carácter (in)democrático das intervenções (Magalhães, 2014).

As organizações comunitárias e os moradores dão nomes às ruas, praças, áreas e sub-bairros das favelas. Essas denominações nem sempre são respeitadas: o poder público pode dar novos nomes que nada têm a ver com os nomes que a comunidade usou. É um problema profundo, relevante para a democracia (Magalhães, 2014).

Exemplos em Santa Marta de nomes vernáculos que se tornaram nomes oficiais de ruas, o segundo homenageando três amigos (fotos pessoais):

O debate sobre a *legitimidade da norma* centra-se no grau de convergência entre o direito e as expectativas: quanto mais alto, mais a sociedade o aceitará. Na América do Sul, há uma forte dissociação entre o sistema jurídico e as expectativas da sociedade, o que semeia os germes da opressão. Os poderes públicos tentam limitar ou modificar essas expectativas. As autoridades públicas, por exemplo, regulam o direito de construir nas favelas: as pessoas querem ampliar suas moradias, mas a demanda por moradia é repreendida nas favelas. Isso cria um déficit habitacional e acontece mais nas favelas do que em outros lugares. Durante a urbanização, o poder público reconhece o que existe, mas proíbe a expansão vertical. Os moradores não têm poder político suficiente para mudar essas leis. Eles resistem violando a lei; uma das facetas desse conflito é a não efetividade da legislação (Magalhães, 2014).

Os espaços públicos são bens públicos antes mesmo do processo de urbanização. Quando são traçadas linhas para separar o público do privado, trata-se de um ato normativo do poder público municipal. Antes disso, tecnicamente não há bens públicos na favela. Criou-se um conceito complicado, o de *bens públicos por destinação:* como todas as noções jurídicas em favelas, ele foi reconstruído para diferentes processos (Magalhães, 2014).

Os espaços públicos, no sentido político, permitem a emergência de uma norma jurídica a partir de um processo social. A profunda e crônica deficiência desses espaços é um problema. No Brasil, a legislação é promulgada por um ato do chefe do executivo; não passa pelo poder legislativo, que poderia representar o povo ou por conselhos que poderiam representar a sociedade civil. Não há em todas as favelas um processo efetivo de consulta, de construção coletiva, de elaboração da norma de baixo para cima. Raramente há um processo pedagógico em que a população possa debater o que diz a lei. Para Habermas, a esfera pública de comunicação é o requisito mínimo da democracia; nesse caso, há um grave déficit democrático. Uma situação de poliarquia é quando se reconhecem vários poderes e as decisões resultam desses vários poderes.

As autoridades da cidade elaboram muitas coisas sobre o uso do espaço público; esta visão do município é uma nova compreensão. O espaço público é privatizado quando é ocupado por habitações, quiosques ou estacionamento privado (Magalhães, 2014). A literatura anglo-saxónica declara geralmente que a dinâmica do mercado e a privatização destroem o espaço público. No entanto, as favelas não são o lugar do grande capitalismo neoliberal, mas sim de pequenas bancas que vendem comida ou roupa (Gomes, 2014).

A discussão não é simples: não se trata apenas de uma questão de estatuto jurídico, mas da forma como os espaços são utilizados. Nas favelas, a vida privada e a vida pública se confundem. As pessoas colocam uma cadeira em frente à sua casa e impedem a circulação. As casas são muito abertas; os transeuntes podem ouvir e ver a televisão. Um lugar pode ser definido juridicamente como uma praça, mas pode ser limitado aos interesses de um grupo de jovens, traficantes ou feirantes que o ocupam. O importante é que funcione verdadeiramente como um espaço público (Gomes, 2014). Existe de facto um espetro de espaços que vai do público ao privado, incluindo algures no meio as lajes, ou telhados, por exemplo.

Laje de uma igreja no alto do Santa Marta, usada como espaço público para apreciar a vista do bairro de Botafogo lá embaixo (fotos pessoais):

A laje é também utilizada por crianças e adolescentes para brincar e lançar papagaios (fotos pessoais):

Urbanismo de favela: dinâmico e adaptativo

A sua informalidade urbana incentiva a sociabilidade e a comunidade: as relações de proximidade da favela contrastam com o anonimato dos vizinhos nos condomínios (Jaquet, 2014, julho 23). Os espaços públicos nas favelas são criados e modificados organicamente pelos moradores, para se adaptarem às necessidades dos utilizadores.

Aqui, um abrigo ao longo da rua principal com um espelho, usado por muitas mulheres, e um churrasco na rua, ambos na Rocinha (fotos pessoais):

Prevalência de lugares secundários, em saliências, lajes e rochas, à volta do campo de futebol no alto de Santa Marta (fotos pessoais):

Mesmo em áreas que foram mais formalmente planeadas e concebidas, os utilizadores do espaço nem sempre as utilizam como previsto; isto é melhor exemplificado pelo contraste entre os parques infantis não utilizados e as crianças que trepam em material de construção ou em telhados próximos (Dixon, 2014, 22 de outubro). Havia muitas crianças a brincar no campo de futebol e nas suas imediações, mas apenas duas decidiram utilizar o balancé do parque infantil concebido. Em todos os três locais de estudo, muitas pessoas entrevistadas, tanto adultos como crianças, citaram melhores brinquedos como melhorias desejadas para o espaço

Parque infantil convencional abandonado versus crianças em cima de um telhado, ambos na Vila Autódromo (Dixon, 2014, 22 de outubro):

Parece que os pais consideram a área no topo de Santa Marta segura, pois deixam os seus filhos brincar lá sem supervisão. A interação com as crianças é diferente consoante a presença de adultos ou se os bandos de rapazes são deixados sozinhos a criar as suas próprias regras: observou-se a lei do mais forte e o bullying. As raparigas são geralmente mais calmas, conversam e brincam com bonecas, mas tornam-se mais barulhentas quando estão no mesmo grupo que os rapazes.

Crianças vistas duas vezes no alto de Santa Marta, ambas as vezes a jogar sem os pais (foto pessoal) / menino com quem joguei futebol e que não queria que eu me fosse embora, durante o torneio da Taça do Povo de abril em Santa Marta, em que estiveram presentes várias gerações (foto de David Gallerano):

Cultura de favela em espaços públicos

O futebol é parte importante da cultura brasileira, tanto nas práticas cotidianas dos cidadãos quanto na imagem projetada para o mundo. As favelas sem infraestrutura de saneamento básico possuem campos de futebol para crianças e adultos jogarem bola.

O campo de futebol mais alto do Rio de Janeiro fica no topo da favela Morro dos Prazeres, oferecendo aos jogadores vistas do Cristo Redentor e do Pão de Açúcar (fotos pessoais):

Os espaços menores também oferecem oportunidades para jogar futebol e apresentam imagens de ícones do futebol, como Neymar (fotos pessoais da Rocinha):

O filme "Nós com todos: não tem como não dançar" (Paterman, 2014) exemplifica o papel das favelas como incubadoras culturais (Bonnisseau, 2014, 8 de agosto). O projeto Nós com Todos (Nós com Todos, n.d.) visa melhorar o convívio entre as comunidades vizinhas - mas historicamente rivais - do Borel e de Casa Branca, através do funk, hip-hop, b-boy e passinho, expressões da cultura de favela, sempre presentes nas ruas, becos e outros espaços públicos das comunidades cariocas (Goodenough, 2014, 18 de agosto).

Um DJ tocando funk durante a Copa do Povo no alto do Santa Marta, para as pessoas ao redor do campo de futebol e nas lajes curtirem e dançarem, e uma banda chegando para tocar samba; ambas são expressões musicais da cultura brasileira nascida nas favelas (foto pessoal):

Praticando passinho numa laje de favela (BBC, n.d.)

As pipas são uma parte tão forte da cultura da favela que foram incorporadas ao projeto de um centro cultural na Rocinha (foto de Williamson, 2014, 30 de setembro e de minha autoria):

O Morro dos Prazeres tornou-se uma atração pela sua arte de rua (fotos pessoais):

PAZ

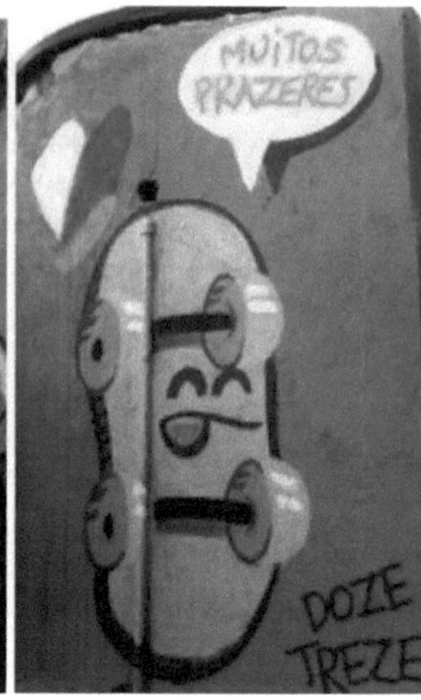
MUITOS PRAZERES
DOZE TREZE

Os lugares públicos como espaços de democracia nas margens?

Wendy Gunn baseia seu trabalho no ideal escandinavo de democracia como "engajamento inclusivo": incluindo pessoas que normalmente seriam excluídas do design e da inovação. Como é que os processos participativos se comparam a esse ideal nos espaços públicos das favelas do Rio? As falhas no trabalho com os habitantes das favelas do Rio são uma oportunidade perdida para o diálogo e melhores políticas, e levam a programas de baixa qualidade, apesar do discurso oficial sobre integração (Smith, 2011, 6 de dezembro) e participação (Cath, 2012, 24 de abril), especialmente no contexto do programa UPP Social em comunidades "pacificadas" (Goodenough, 2014, 18 de agosto).

Controlo descendente dos espaços públicos

Estigma da favela

O estigma é uma barreira realmente grande para uma boa política em relação às favelas; a política é baseada na perceção que desvaloriza as qualidades da favela.

Em qualquer tipo de sociedade, é vital para o establishment que a produção discursiva seja controlada para seu proveito, quer se trate de uma ditadura explícita e radical ou de uma democracia consolidada. Entre esses dois extremos, existem arranjos institucionais intermediários, nos quais a tradição autoritária reluta em dar lugar aos cânones do igualitarismo. É o caso das sociedades em processo de democratização, emergindo do colonialismo ou da ditadura, ou de simulacros de democracia. Nessas democracias emergentes, o controlo da produção discursiva também se faz de forma intensa, não pela via da censura ou da repressão estatal, mas por grupos hegemónicos que monopolizam o que Da Silva (2005) chama de agências discursivas: meios de comunicação, mundo académico, esfera empresarial, cena artística, indústria cinematográfica. Este monopólio tem como objetivo transmitir uma visão particular, do establishment, sobre diferentes questões e, sobretudo, impedir a circulação da visão do "outro" (Da Silva, 2005).

Da Silva (2005) dá os exemplos da representação negativa de Hollywood dos nativos americanos, dos negros, dos mexicanos e das mulheres, incapazes de pensar por si próprios e a quem são atribuídos papéis socialmente subalternos nos filmes, como se isso fosse natural; de África como uma savana habitada por animais selvagens e pessoas primitivas e do Brasil como um país inóspito de tribos da selva. No Brasil, discute a brancura dos actores nas novelas e, nomeadamente, a escolha de actores brancos para interpretarem personagens originalmente retratadas como brancas. As imagens são, de facto, discursos (Da Silva, 2005).

O processo de monopolização do discurso por parte dos grupos hegemónicos para fazer circular visões que lhes convêm não é exceção na emergente democracia brasileira; a passagem das ordens anteriores para a atual ocorreu, de facto, sem grandes rupturas, portanto sem substituições das elites no poder. Não se deve perder de vista a pressão, mesmo em democracias consolidadas, do establishment para parecer igualitário em seu discurso. Nos discursos sobre as relações raciais no Brasil: no discurso dominante, a cor/raça não importa, ou se importa, conta positivamente; já no discurso dos que se consideram discriminados, importa e importa muito, mas negativamente, como formas de preconceito. No discurso dominante, uma identidade nacional remete para a fusão de raças, para a igualdade e para a ausência de discriminação; enquanto na prática social a separação baseada na cor/raça é evidente (Da Silva, 2005).

O conteúdo do discurso não encontra valor em si mesmo, mas quando confrontado com outros discursos, por exemplo, com discursos pró e contra; o discurso é sempre produzido em função da identidade, da visão particular, dos valores e interesses de quem o emite, seja ele um indivíduo, um grupo étnico, uma classe social, uma corporação, etc. É preciso incorporar, em qualquer análise, não apenas a visão dos "outros", mas também os dados que não corroboram as suposições do analista, teste recomendado por Karl Popper para que os argumentos tenham a possibilidade de serem validados. Caso contrário, apenas a visão e os interesses dos grupos hegemónicos teriam eco e mereceriam a atenção do poder público, como se fossem os interesses de toda a população (Da Silva, 2005).

É o que acontece no Rio de Janeiro, especialmente quando se focaliza o tema da violência, na comparação entre o que dizem os membros das classes mais altas, ocupantes privilegiados das agências discursivas, e o que dizem os moradores das favelas, que, apesar de mais numerosos, estão praticamente ausentes dessas agências (Da Silva, 2005). Numa reportagem de menos de dois minutos da Globo sobre um confronto com a polícia, os moradores das favelas são, por exemplo, chamados de "bandidos", "invasores", "traficantes" (Globo, 2014, 20 de março). Hoje existem as chamadas rádios comunitárias, onde as comunidades falam por si. Assim, as elites falam com certeza, em nome de todos e para todos; enquanto as pessoas das comunidades têm de se contentar em falar em seu próprio nome, entre si (Da Silva, 2005).

Uma política governamental verdadeiramente "pública", ou seja, comprometida com os direitos e interesses da coletividade, não pode ser orientada por uma visão de mundo branca, masculina e de classe alta. Quando as elites insistem em afirmar que isso ou aquilo é bom ou ruim para os moradores das favelas, mulheres e homens negros, é possível que, no fundo, elas estejam pensando apenas no que é bom ou ruim para elas mesmas. Classe, raça/cor, sexo, origem são apenas partes das identidades dos indivíduos, não sendo possível, portanto, falar de uma identidade singular, mas de identidades múltiplas e mutáveis. Disso decorre que, ao modelar gostos e condutas de acordo com um modelo brasileiro, o discurso hegemônico só pode se sustentar como intolerante (Da Silva, 2005).

Militarização dos espaços públicos

A presença histórica da polícia nas favelas está ligada à sua imagem de flagelo da cidade e de fonte de criminalidade; o tratamento dado aos moradores das favelas mostra traços da herança escravocrata e ditatorial.

A ronda da favela (Dall'Ara, 1913):

Fotos de homens negros amarrados com uma corda no pescoço e detidos pela Polícia Militar, tiradas pelo fotojornalista Luiz Morier na favela da Cachoeirinha, no bairro do Lins de Vasconcelos, Zona Norte (Imagens de Barbosa, 2013, 19 de maio; descrição de Do Valongo à Favela: imaginário e periferia, 2014, 19 de junho):

O ataque terrorista ao World Trade Center, em Nova Iorque, a 11 de setembro de 2001, colocou cada vez mais a tónica no medo e na segurança das cidades. "A melhor forma de tornar um espaço público seguro", sugere um relatório do Project for Public Spaces (a, n.d.), "é criar actividades positivas e aumentar a apropriação do espaço por parte dos cidadãos". Desde então, têm sido feitos esforços para criar um espaço público mais aberto e inclusivo, com pessoas presentes 24 horas por dia. (Gehl e Svarre, 2013, p71): não é isso que está acontecendo nas favelas do Rio. As autoridades públicas frequentemente violam o estado de direito para intervir; por exemplo, usando um mandato de busca geral para a polícia entrar em todas as casas. Nas favelas, os actos do Estado são actos de institucionalização da violência. O estado democrático foi construído há 25 anos; as expectativas dos moradores das favelas são de fazer parte do estado de direito. Essa situação de dois pesos, duas medidas leva a expectativas frustradas (Magalhães, 2014).

Ação policial na Providência (Moraes, 2004, 28 de setembro):

Moradores da Providência depõem contra a bandeira do Brasil fincada no morro pelo exército na morte de três jovens entregues por soldados a uma favela rival em 2008 (Hora, 2008, 14 de junho) e "operação policial aterroriza moradores" (Hora, 2008, 7 de setembro):

Hoje, a presença de policiais armados nos espaços públicos das favelas pacificadas do Rio é rotineira, se não apreciada. O clima era tenso enquanto observávamos a praça da Providência. Três policiais militares passavam com as mãos no gatilho; um comprava algo num bar, enquanto outro ficava de guarda do lado de fora e outro junto à estátua de São Jorge, olhando nervosamente para a rua. Mais tarde, disseram-nos que os traficantes ocupam as lajes naquela direção e observam o que acontece na praça. Os polícias entrevistados citaram, sem hesitação, os traficantes como o problema da praça; enquanto duas mães nos disseram que não gostavam da presença da polícia na altura em que os seus filhos saem da escola.

Polícia num cruzamento de rua em Cantagalo e numa praça em Providência (fotos pessoais):

Gaffney (2014) escreve que "a militarização das cidades está a acontecer em conjunto com a privatização dos espaços públicos" e Zirin (2014) que "a militarização intensificada do espaço público em nome da proteção do espetáculo desportivo" é uma ameaça persistente.

O teleférico do Complexo do Alemão é comparado ao trem que sobe até o turístico Cristo Redentor; "a Unidade de Polícia Pacificadora é para estrangeiro ver" escrito em uma rua do Alemão; cena comum no Complexo - um policial apontando a arma para crianças (fotos de Ed Bentsi-Enchill):

Há uma discrepância entre a paz pedida pelos moradores das favelas, que é uma abordagem mais holística, envolvendo acesso à educação e outros serviços, e a paz atualmente implementada pela presença da polícia militar.

Arte de rua no fundo do Santa Marta, "os ricos querem paz para se manterem ricos; nós queremos paz para nos mantermos vivos" e por baixo da favela de Santo Amaro, representando o custo humano dos megaeventos desportivos elitistas, militarizados e lucrativos no Rio (fotos pessoais):

<u>Resistência da base para o topo nos espaços públicos</u>

A ideia de votar como o nosso único exercício de cidadania já não faz sentido; mas o que aprendemos com os enormes protestos de 2013 no Brasil é que, quando tentamos exercer o nosso poder fora de um contexto eleitoral, enfrentamos o risco de sermos humilhados, espancados ou presos (Orofino, 2014, 3 de novembro):

O que esperar da favela se suas particularidades são vistas por um único prisma desrespeitoso: como território de aglomeração de pobres? Essa perspetiva hegemônica de olhar a favela surge ao identificar seus moradores como uma "classe perigosa" que põe em risco nosso mundo enganosamente coerente. No mundo académico, o nosso discurso especializado refere-se muitas vezes às nossas acções sobre uma "situação de risco" de uma "comunidade alvo" e não às capacidades e potencialidades dos seus membros. O objetivo deste trabalho é entender como o morador da favela pode se envolver na construção de uma proposta coletiva para viver em sociedade e pode desenvolver criativamente para si mesmo sua experiência de pertencimento (Ribeiro Rice Geisler, 2004).

Orofino (2014, 13 de novembro) apela a uma mudança desta situação que levaria os cidadãos a reengajarem-se com as estruturas de representação e a complementá-las para uma tomada de decisão eficaz e colectiva. Ela argumenta que os governos municipais têm usado a tecnologia para transformar os cidadãos em sensores humanos ou para os convidar a melhorar os resultados das decisões já tomadas. Afirma que a tecnologia não tem sido utilizada para a tomada de decisões participativas no que é importante: atribuição de orçamentos, ocupação de terrenos e gestão de recursos naturais. É fundadora do sítio Meu Rio e convida os cidadãos a não esperarem pelo governo, mas a criarem as suas próprias estruturas de participação. Na sua TED Talk (Orofino, 2014, 13 de novembro), dá exemplos de como a audácia de alguns e o apoio de muitos permitiram salvar projectos comunitários da destruição e criar um novo departamento nos serviços de polícia.

O protaganismo residente existe nas favelas do Rio de Janeiro e assume formas de base, como exemplificado pelo projeto "Não Saio Daqui Porque". Criada por estudantes universitários, esta forma de arte interactiva começou em Santa Marta e convida os membros da comunidade a enumerar as razões pelas quais não querem sair, apesar das ameaças de gentrificação, diretamente nas paredes da sua favela (Goodenough, 2014, 18 de agosto).

Entre os motivos listados: "porque a cerveja está sempre gelada", "porque gosto da minha casa", "porque gosto daqui", "porque não tem barulho de carro" (Não saio daqui porque, 2012, 8 de dezembro):

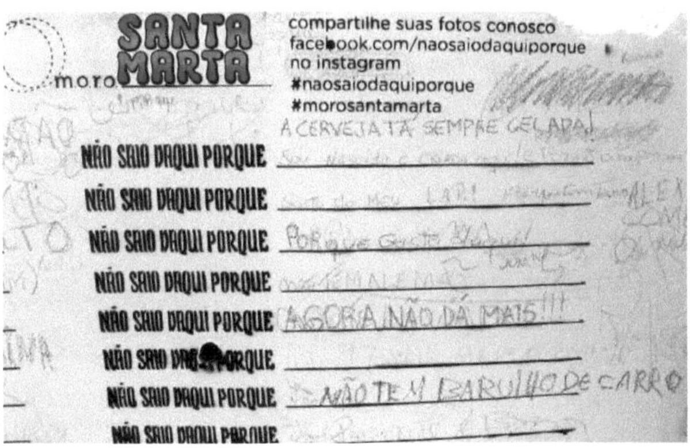

Retratos de moradores esculpidos nas ruas da Providência para protestar contra o despejo (fotos pessoais):

A brutalidade policial não pode ser combatida diretamente pelos moradores, por isso é protestada através de inscrições no espaço público, como durante a campanha SOS Complexo do Alemão. A segunda imagem diz "pacificação sem oportunidade e educação é como apagar fogo com gasolina"; a terceira "+ paz - tiro" e a quarta "essa guerra não é nossa" (fotos de

Edmund Bentsi-Enchill):

Gehl e Svarre (2013, p49) escrevem, de facto, que "o espaço público tem uma dimensão política importante: os protestos são feitos no e sobre o espaço público". Isto cruza-se com o relato de Butler (2014, 11 de setembro):

Embora o Rio seja conhecido pela sua desigualdade, possui também um sector da sociedade civil florescente, com organizações não governamentais e comunitárias que procuram combater a pobreza, a discriminação e a violência urbana e cujas práticas se tornaram bem conhecidas, a nível nacional e internacional.

Estes protestos comunitários têm efetivamente lugar nas ruas das favelas e noutros espaços públicos (Butler, 2014, 11 de setembro):

Domingo, 27 de abril de 2014, o Comité Popular para o Campeonato do Mundo e os Jogos Olímpicos, em parceria com a Associação Nacional de Futebol Feminino, organizou o primeiro dos quatro eventos da Taça do Povo. A Taça do Povo é um torneio de futebol, não entre as principais equipas nacionais do mundo, mas entre as pessoas cujos direitos foram violados pelos megaeventos desportivos. Quatro equipas femininas e quatro equipas masculinas jogaram futebol, representando grupos afectados negativamente pelos mega-eventos que se aproximam no Rio de Janeiro. Os jogos tiveram lugar num campo de futebol no topo da Santa Marta, a favela que aparece no vídeo de Michael Jackson para "They Don't Care About Us" (Jackson, 1996). Como na primeira edição em 2013 (Borja & Steiker-Ginzberg, 2013, 22 de junho), representantes de favelas de diferentes partes da cidade formaram as equipes. A novidade deste ano foi a participação de outros grupos, nomeadamente a Frente Nacional de Torcedores e o Movimento Unido de Vendedores Ambulantes, ambos argumentando que os benefícios da Copa do Mundo serão privilégio dos já ricos (Goodenough, 2014, 2 de maio).

Apesar da chuva fraca e dos problemas técnicos com o teleférico da colina, muitos jornalistas locais e internacionais estiveram presentes desde o primeiro pontapé de saída, entre as raparigas de Santa Cruz e Criciúma. Ao longo do relvado, os companheiros de equipa foram-se tornando mais ruidosos à medida que o jogo avançava e as raparigas de Chatuba aqueciam cantando e dançando. As crianças brincavam no relvado entre os jogos, o seu entusiasmo era comunicativo; outras subiam aos telhados para apreciar a vista do

Rio de Janeiro. O ambiente era geralmente contagiante; um DJ tocou músicas funk famosas, ao som das quais as equipas femininas dançaram e, mais tarde, os residentes de Santa Marta tocaram samba (Goodenough, 2014, 2 de maio).

A música foi interrompida por anúncios para recordar as causas que reuniram os participantes em Santa Marta. Esta jornada de "esporte popular realmente" evidenciou que o direito de viver e trabalhar é mais importante do que o direito à especulação. A Taça do Povo já teve lugar em 2013 (Borja & Steiker-Ginzberg, 2013, 22 de junho) como um evento de um dia. O evento deste ano foi organizado em quatro etapas, cada vez numa comunidade diferente, para mostrar que as repercussões da realização de megaeventos são generalizadas e sistemáticas no Rio de Janeiro O anúncio continuou a evocar que há sempre mais comunidades a protestar contra a violência e que "a cidade é nossa" (Goodenough, 2014, 2 de maio).

O objetivo é unir comunidades e grupos que lutam por seus direitos e dar visibilidade às violações e ilegalidades que estão ocorrendo em função de o Rio de Janeiro sediar a Copa do Mundo (Goodenough, 2014, 17 de junho). Bruna Maria, 18 anos, e Maiara, 21 anos, representavam a Chatuba, no município de Mesquita, zona norte da cidade do Rio de Janeiro; elas disseram que gostam de morar lá e que não deixariam a comunidade por nada. Elas estavam no evento porque as pessoas estão sendo despejadas das favelas, não só no Santa Marta, mas também na Chatuba. Eles citaram a segurança e a educação como os maiores desafios da comunidade, mas a saúde é o mais importante, pois os moradores precisam ir a outras partes da cidade para obter serviços médicos (Goodenough, 2014, 2 de maio).

A abordagem parece ter ajudado os cariocas a ganhar consciência do que está a acontecer noutras partes da cidade. Dominique, 18 anos, do Lins de Vasconcelos, na Zona Norte, diz que não está ameaçada de despejo, mas que pessoas que moram no Santa Marta há muito tempo estão sendo transferidas para outros lugares. O primeiro evento da Taça dos Povos deste ano teve lugar no campo de futebol no topo da colina de Santa Marta, onde a ameaça de despejo é mais elevada (Goodenough, 2014, 17 de junho).

Stefano Novais, 22 anos, estudante de química e um dos jogadores da equipa da Frente Nacional de Adeptos, disse que o futebol "não é apenas sobre o que acontece dentro do campo, mas sobre os impactos fora dele". Ele disse que a Copa do Povo é importante por causa da discussão dos direitos sociais durante o evento. Na verdade, ele afirmou que na televisão a Copa do Mundo é apresentada como tendo apenas impactos positivos e turísticos; quando na realidade as pessoas estão sofrendo, sendo removidas para a infraestrutura da Copa do Mundo e colocadas em lugares aleatórios. A Frente Nacional de Torcedores está presente em vários eventos de protesto contra a Copa do Mundo; sua principal agenda é a luta contra a elitização do futebol brasileiro (Goodenough, 2014, 2 de maio).

Faixas no campo de futebol no alto do Morro do Pinto durante a final da Copa do Povo, com os dizeres "Copa do Povo: futebol sem elitismo e mercantilização" e "direito à cidade!" (foto pessoal):

João Pedro e Yuri, ambos com 19 anos e colegas de equipa de Stefano, participaram no evento devido às mudanças no estádio do Maracanã e, em geral, devido ao facto de o acesso ao Campeonato do Mundo estar vedado a todos, exceto aos privilegiados. Quando lhes perguntaram qual era o seu jogador de futebol preferido, responderam Romàrio, que atualmente iniciou uma carreira política e denunciou abertamente a Federação das Associações Internacionais de Futebol (FIFA). Temem a "modernização" dos estádios e, consequentemente, a alienação dos adeptos do futebol; afirmam que os verdadeiros adeptos não querem centros comerciais nos estádios, mas sim a conservação da cultura tradicional do futebol brasileiro.

Mas há uma mudança com a qual elas estão felizes: a participação das meninas no futebol no Brasil, apesar dos preconceitos que ainda persistem. Ingrid, de 17 anos, de Criciúma, uma favela da Tijuca, na Zona Norte do Rio, estava confiante nas hipóteses de vitória da sua equipa, que tem sido convidada para mais eventos desde que ganhou a Taça do Povo do ano passado. Bruna Maria e Maiara, da Chatuba, jogam desde pequenas e afirmaram que o evento é realmente muito bom para a visibilidade do futebol feminino. Os espaços públicos oferecem, de facto, a possibilidade de alternativas à opressão: por exemplo, equipas femininas que jogam durante a Taça do Povo de base nas favelas do Rio, enquanto as mulheres são excluídas do Campeonato do Mundo (Goodenough, 2014, 2 de maio).

Um time feminino jogando futebol enquanto meninos olham, dançam e mostram seu orgulho no campo de futebol no alto do Santa Marta (fotos pessoais) e o time feminino do Criciuma, campeão da final feminina; à esquerda: Aline, a melhor jogadora do torneio (Coletivo vinhetando, 2014):

Márcio, 42 anos, que joga no time dos camelôs, disse que a Copa do Mundo pode ser uma oportunidade para melhorar a situação dos vendedores ambulantes. Isso contrasta com as regras que os proíbem de vender perto dos estádios, a fim de priorizar os interesses dos patrocinadores do evento. Jean Vitor, 18 anos, que vende cintos, gostou do evento do dia 27 de abril e da sua primeira vez em Santa Marta; ele só esperava que os vendedores não fossem retirados das ruas (Goodenough, 2014, 2 de maio).

Stefano, da Frente Nacional de Torcedores, é a favor de uma copa do mundo popular que possa explorar a paixão dos brasileiros pelo futebol de forma justa, respeitando os direitos humanos. Os vencedores do evento de Santa Marta foram o Criciúma, entre as equipas femininas, e a Frente Nacional de Adeptos, entre as equipas masculinas. Nas costas das camisolas destas últimas, lia-se "um outro futebol é possível". Vitor Lira, um dos organizadores do evento, de Santa Marta, declara, no encerramento do evento de domingo, que o futebol é de facto uma questão de "integração, não de segregação" (Goodenough, 2014, 2 de maio).

Os jogos de futebol da final da Copa do Povo começaram por volta do meio-dia de um domingo quente, 8 de junho de 2014, no alto do Morro do Pinto, na Região Portuária do Centro do Rio. Todos os jogadores usavam camisetas com os objetivos do Comitê Popular da Copa e das Olimpíadas: "Copa na rua por direitos", "Maracanã público e popular", "Fora máfia da FIFA", "Direito ao trabalho ambulante", "Fim da ocupação militar das favelas". O Comité Popular anunciou no início que o dia é um momento lúdico, mas que as t-shirts e as faixas recordam que muitas pessoas estão excluídas do Campeonato do Mundo. Publicaram um relatório sobre as violações dos direitos humanos (Comité Popular da Copa e das Olimpiadas do Rio de Janeiro, 2014, 9 de junho) e colocaram a tónica nos problemas sociais do Rio de Janeiro. De facto, as questões destacadas não terminarão com o Campeonato do Mundo aqui, mas continuarão devido aos próximos Jogos Olímpicos. Eduardo Tato, membro do Comité Popular e presidente da Associação Nacional de Futebol Feminino, diz que o Brasil é o país do futebol; mas que o desporto deve ser gerido com transparência e que os eventos não devem levar a despejos (Goodenough, 2014, 17 de junho).

Os dois vencedores da Taça do Povo do ano passado voltaram a vencer na final: a equipa feminina "veterana" do Criciúma e a equipa masculina do Providência. Aline, a número 10 do Criciúma, foi eleita a melhor jogadora do torneio. A jogadora mantém a humildade em relação ao seu talento futebolístico e prefere falar sobre as questões subjacentes ao evento de domingo. O dia ajudou a unir as pessoas, enquanto o Campeonato do Mundo é apenas para quem tem dinheiro.

Eduardo Tato elogiou a equipa da Providência por jogar um verdadeiro futebol comunitário brasileiro, em oposição ao futebol por dinheiro da FIFA (Goodenough, 2014, 17 de junho).

O contraste entre a Taça dos Povos e o Campeonato do Mundo de Futebol da FIFA lança, de facto, luz sobre as questões problemáticas que rodeiam o futebol no Brasil. Dominique, nº 7 da equipa "júnior" do Criciúma, por exemplo, refere que o futebol feminino é menos visível do que o masculino e que participa nestes eventos para inspirar outras raparigas a jogar. Diz também que poucos brasileiros têm dinheiro para entrar nos estádios; que o Campeonato do Mundo não é para os brasileiros, mas sim para estrangeiros com mais dinheiro para comprar bilhetes. Dominique diz que há outras prioridades no Brasil, como a saúde e o apoio a projectos sociais nas comunidades, que são mais importantes do que investir no futebol de elite (Goodenough, 2014, 17 de junho).

Durante a tarde da final, o sistema de som tocou música para encorajar as equipas durante o calor, incluindo o cântico "Não vai ter copa", e um stand imprimiu t-shirts a denunciar os abusos que rodeiam os mega-eventos. Mais tarde, uma banda toca músicas relacionadas à violência policial enfrentada pelos moradores da favela, como o "Rap das armas" (Cidinho & Doca, 1994) e o "Rap da felicidade (Eu só quero é ser feliz...)" (Cidinho & Doca, 1995), que se tornou um manifesto (Manifesto Complexo do Alemão, s.d.) para o Complexo do Alemão. O Morro do Pinto está situado na "Pequena África", uma parte historicamente significativa do Rio de Janeiro para a cultura afro-brasileira (Clarke, 2012, 28 de novembro). Após os jogos de futebol, as actividades festivas reinterpretaram o património cultural brasileiro para ridicularizar os organizadores do Campeonato do Mundo através de uma atmosfera carnavalesca e da dança de quadrilha da Festa Junina.

Os espaços públicos permitem a reinterpretação subversiva de elementos da cultura brasileira. Aqui, o clima festivo e as fantasias do carnaval são utilizados para ironizar o casamento do poder público com as grandes corporações, os patrocinadores da Copa do Mundo e as construtoras que lucraram com ela (foto pessoal):

Pedro, membro do Comité Popular, disse que a Copa do Povo carrega valores diferentes dos propostos pela FIFA: de privatização e elitismo. Ele espera que a participação cidadã e a mobilização nas ruas por causas sociais continuem durante a Copa do Mundo.

Sustentabilidade e processos de construção orgânicos

Granén (2014, outubro 29) recomenda que olhemos ao nosso redor: há paraísos naturais bem próximos quando deixamos a correria do dia a dia. A GreenBuilding Brasil, conferência e exposição internacional sobre construção sustentável, aconteceu em São Paulo de 5 a 7 de agosto deste ano. Uma das conferências foi sobre favelas como modelos potenciais de desenvolvimento urbano sustentável, com base no exemplo do Vale Encantado. Nós, na Catalytic Communities, aproveitámos a oportunidade para refletir sobre a sustentabilidade intrínseca das favelas e sobre as possibilidades de requalificação sustentável dos aglomerados informais (Goodenough, 2014, setembro 20).

Placa "Onde existe a preservação da natureza, existe o futuro" na favela Babilônia (foto pessoal):

Biogeografia do Rio de Janeiro

O estudo local das populações e dos ecossistemas deve ser realizado com uma compreensão da macroecologia da paisagem mais alargada (Gaston, 2010). Para desenvolver projectos sustentáveis é, de facto, importante compreender como o ambiente funcionava antes do desenvolvimento da cidade e compará-lo com as condições actuais (Barnes, 2014, 8 de outubro).

Morros reflorestados no Rio de Janeiro (Herzog, 2012, 10 de julho):

O coberto vegetal está extremamente mal distribuído na cidade. Entre os 80 bairros que possuem menos de 1% de cobertura florestal, 63% estão na Área de Planeamento 3 (Zona Norte). Os 9 bairros com mais de 50% de coberto florestal encontram-se nas Áreas de Planeamento 2, 4 e 5, na Zona Sul e Oeste (Ferreira Santos, 2011, 7 de novembro).

Mapa da vegetação e ocupação do solo em 2010 (Ferreira Santos, 2011, 7 de novembro):

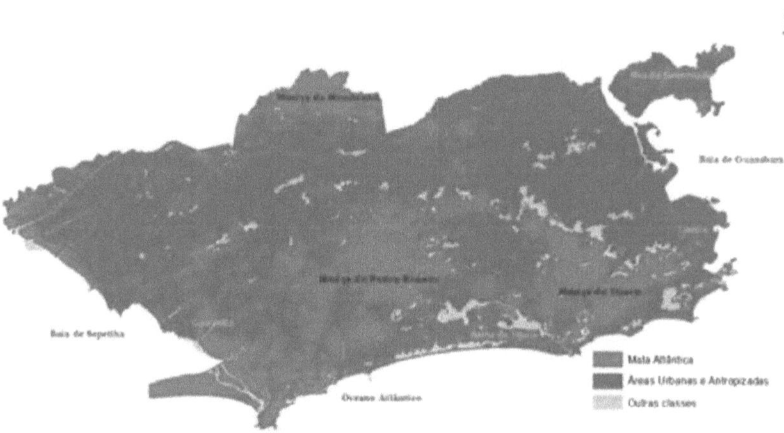

Martin (2012, 10 de novembro) escreve:

A presença da natureza está a diminuir na vida quotidiana do Rio devido à expansão da área impermeável a várias escalas, desde a escala da rua à escala do bairro, aos modelos arquitectónicos de construções áridas e às plantações de árvores de rua que estão a envelhecer. Aos poucos a natureza está sendo "expulsa", transformando a cidade em uma paisagem quente e árida.

Superfícies impermeáveis e dias quentes de verão no centro do Rio de Janeiro (Martin, 2012, 10 de novembro):

As encostas, as nascentes e as margens ribeirinhas são desmatadas e ocupadas, os rios são linearizados e canalizados, o solo urbano impermeável e a construção densa deixam pouco espaço para o espaço verde (Ferreira Santos, 2011, 7 de novembro).

Efeitos da urbanização (Ferreira Santos, 2011, 7 de novembro):

Em cerca de 500 anos de história, aproximadamente 93% da cobertura original da Mata Atlântica foi desmatada. A cobertura florestal de vários estados brasileiros foi reduzida a milhares de fragmentos (SOS Mata Atlântica, n.d.).

Em 2011, a *Secretaria Municipal de Meio Ambiente* fez um mapeamento da vegetação e da cobertura vegetal do Rio: os dados revelam que a cidade possui cerca de 35 290 hectares de florestas e outros ambientes naturais, o que representa cerca de 28,9% do território municipal (Ferreira Santos, 2011, 7 de novembro):

Floresta ombrófila densa montana	882 ha	0.7%
Floresta ombrófila densa submontana	347 ha	0.3%
Vegetação secundária - fase inicial	3 096 ha	2.5%
Vegetação secundária - estado médio	6 117 ha	5.0%
Vegetação secundária - estado avançado	16 500 ha	13.5%
Restinga	266 ha	1.6%
Mangue	3 399 ha	2.8%
Apicum	1 323 ha	1.1%
Brejo	1 666 ha	1.4%
Superfície total	**35 290 ha**	**28.9%**

Os maiores fragmentos de vegetação nativa encontram-se nos Maciços da Tijuca, Pedra Branca e Gericinó-Mendanha. O restante está distribuído em morros isolados e áreas alagadiças. Apesar de a cidade do Rio de Janeiro possuir um percentual de cobertura florestal acima da média das demais capitais do Bioma Mata Atlântica, seu denso tecido urbano transformou os fragmentos florestais em ilhas (Ferreira Santos, 2011, 7 de novembro).

Fragmentação da paisagem e criação de ilhas (Ferreira Santos, 2011, 7 de novembro):

As florestas tropicais dependem da dispersão de sementes e da polinização das flores, efectuada na maioria dos casos por animais. As aves, os morcegos e os insectos, especialmente as abelhas, são os principais agentes de transferência do pólen de uma planta para outra. A distribuição das sementes é efectuada por aves, morcegos e mamíferos (Ferreira Santos, 2011, 7 de novembro).

Polinização e dispersão de sementes (Ferreira Santos, 2011, 7 de novembro):

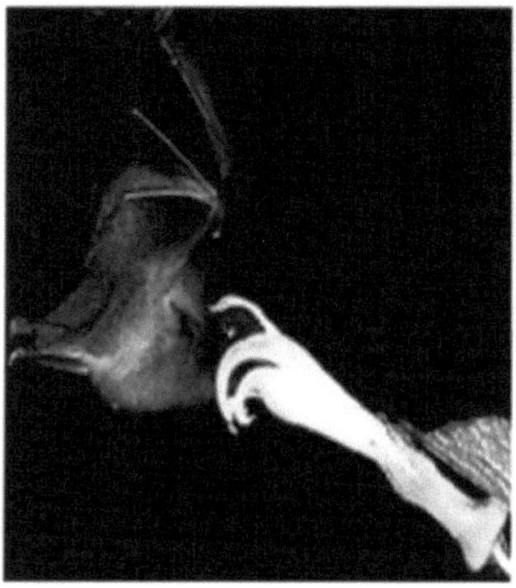

A conservação da diversidade genética da fauna silvestre depende do cruzamento entre indivíduos ou populações da mesma espécie distribuídos em fragmentos dispersos por um grande território. Áreas desmatadas, densamente urbanizadas ou fortemente alteradas representam obstáculos à movimentação dos animais, tornando-se barreiras quase intransponíveis. Com a redução dos movimentos dos animais, o intercâmbio genético entre os indivíduos diminui. A autofecundação ou a reprodução entre indivíduos aparentados é responsável pela diminuição drástica da variabilidade genética e pelo consequente aumento do albinismo e do nanismo, pela perda de vigor e pelo aborto de sementes, entre outras alterações. Para além disso, a incidência de incêndios florestais e a disseminação de espécies exóticas invasoras são potenciadas pela fragmentação do coberto florestal, através do "efeito de borda" (Ferreira Santos, 2011, novembro 7).

A inversão desta situação e a criação de corredores verdes dependem das acções de política urbana, planeamento, recuperação ambiental e infra-estruturas verdes.

Alfred Agache já em 1930 havia planejado a implantação de um sistema de parkways para o Rio de Janeiro, interligando parques, florestas e o campo, com o objetivo de "proteger contra o excesso de barulho, poeira e perigo". Dentre as práticas e iniciativas essenciais para a formação de corredores verdes, destaca-se o reflorestamento. O Projeto Mutirão e, mais recentemente, o Programa Rio Capital Verde, ambos desenvolvidos pela Secretaria Municipal de Meio Ambiente, fazem parte das experiências de reflorestamento em áreas urbanas mais bem-sucedidas do mundo. Em 25 anos, foram reflorestados cerca de 2.600 hectares, com o plantio de aproximadamente 6,5 milhões de árvores em mais de 150 áreas degradadas da cidade. Boa parte desse reflorestamento foi e está sendo feito em áreas prioritárias para a implantação de corredores verdes (Ferreira Santos, 2011, 7 de novembro).

Morros do Urubu e da Babilônia antes e depois do reflorestamento (Ferreira Santos, 2011, 7 de novembro):

Parque Dois Irmãos, antes e depois do reflorestamento (Ferreira Santos, 2011, 7 de novembro):

A plantação de árvores urbanas intensificou-se nos últimos anos, privilegiando a utilização de espécies autóctones. Cerca de 30 000 árvores são plantadas por ano nos espaços públicos da cidade. Há também iniciativas importantes para a implantação de áreas verdes e árvores em propriedades privadas, além de trabalhos educativos com escolas e moradores. A Fundação Parques e Jardins devolveu o Projeto 15 Minutos Verde, que tem como objetivo alocar um espaço verde público a, no máximo, 15 minutos de distância de cada residência na Zona Norte da cidade (Ferreira Santos, 2011, 7 de novembro).

Este esforço contribuirá também para aumentar a permeabilidade do tecido urbano (Ferreira Santos, 2011, 7 de novembro):

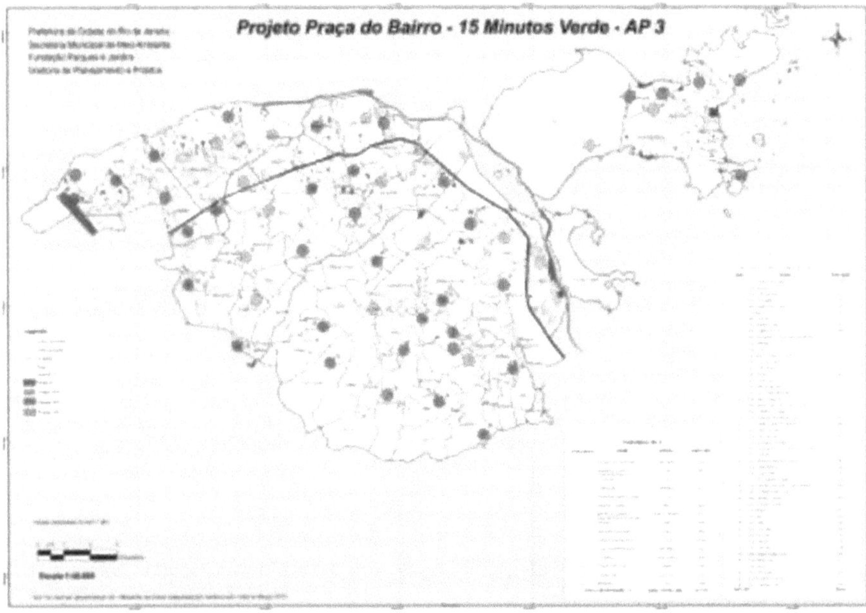

O serviço municipal iniciou a construção de um grande parque urbano em Madureira. Este é um dos bairros com menor índice de área verde por habitante da cidade. (Ferreira Santos, 2011, 7 de novembro).

A obra trará um grande impacto positivo na qualidade de vida da região (Ferreira Santos, 2011, 7 de novembro):

A ideia de formar corredores surgiu a partir da criação do Mosaico Carioca. Criado em 11

de julho de 2011, o órgão reúne 27 unidades de conservação da cidade: 3 federais, 6 estaduais e 18 municipais. Seus objetivos são a gestão integrada e a promoção de ações conjuntas em harmonia com o desenvolvimento urbano (Ferreira Santos, 2011, 7 de novembro).

Áreas protegidas que compõem o Mosaico Carioca (Ferreira Santos, 2011, 7 de novembro):

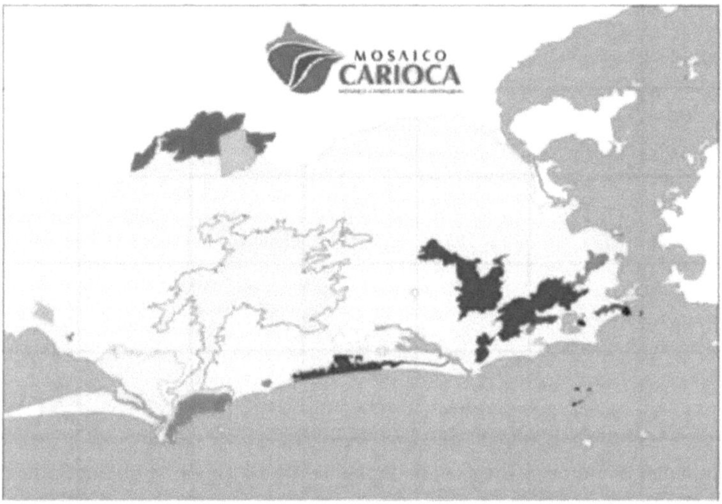

O grupo concluiu que o governo e a sociedade poderiam, através de um conjunto de ações coordenadas, estabelecer corredores verdes mais permeáveis para o intercâmbio genético, aumentar o conforto ambiental e melhorar o acesso ao património cultural e ambiental, melhorando também as possibilidades de recreação e exercício em contacto com o meio ambiente. O relatório sobre os corredores verdes no Rio de Janeiro (Ferreira Santos, 2011, 7 de novembro) enumera os benefícios da criação de corredores verdes:

- Aumento da consciência ambiental: a proximidade e as oportunidades de contemplação e/ou contacto com os espaços verdes favorecem a aprendizagem empírica sobre o funcionamento dos ecossistemas urbanos;

- Processo de pertença das comunidades aos seus bairros e construção das suas identidades e laços socioculturais: o aumento das zonas verdes favorece um maior sentimento de pertença ao bairro e também uma melhor integração entre si;

- Sensação de segurança: a criação de áreas verdes reduz os índices de criminalidade e vandalismo, aumentando a sensação de segurança. Isto é conseguido através do aumento do número de pessoas nestas áreas verdes, inibindo acções nefastas;

- Melhoria da saúde física e mental: a presença de zonas verdes reduz o stress dos indivíduos em contacto com elas, gerando assim uma melhoria da saúde;
- Melhoria da qualidade de vida em geral: ambientes agradáveis permitem actividades recreativas, contacto e contemplação da natureza;
- Redução da incidência dos efeitos das ilhas de calor;
- Alívio de problemas respiratórios: devido à redução de partículas no ar pelas árvores que actuam como barreiras físicas;
- Melhoria dos factores climáticos e das condições atmosféricas, como a temperatura, o vento e a sombra;
- Melhoria das caraterísticas do terreno e da qualidade do solo, como o tipo de relevo, o declive, a textura da superfície e a altitude, conduzindo também à redução dos riscos de erosão e da suscetibilidade à compactação do solo, ao aumento da fertilidade e à atenuação das inundações;
- melhoria da qualidade das águas de superfície devido ao aumento da área de proteção da vegetação ripícola
- Aumento e melhoria da biodiversidade faunística e floral

Áreas prioritárias para a implantação de corredores verdes no Rio de Janeiro (Ferreira Santos, 2011, 7 de novembro):

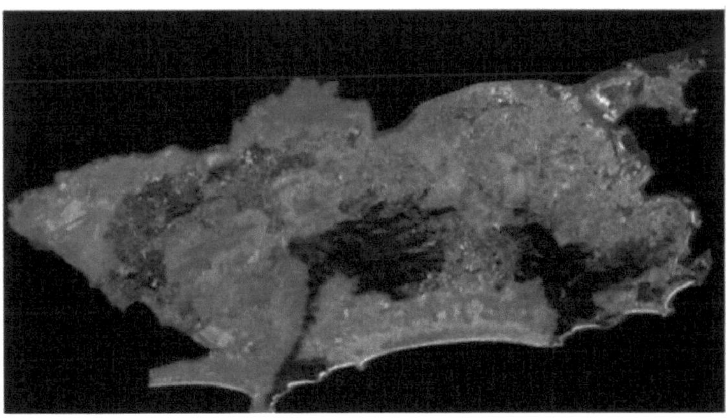

O projeto piloto foi o corredor verde Marapendi - Chico Mendes - Prainha, na Barra da Tijuca, uma das regiões mais ricas da cidade. Envolveu o reflorestamento e manejo da mata ciliar, a promoção da educação ambiental e mobilização dos moradores do entorno, a proteção da flora e fauna nativas, a criação de uma ciclovia entre os parques e a identificação dos fatores de poluição da água (Ferreira Santos, 2011, 7 de novembro).

Folheto educativo sobre os objectivos do corredor verde (Ferreira Santos, 2011, 7 de novembro):

O corredor de ligação entre as serras dos Pretos Forros e da Misericórdia está situado na área 9 do mapa anterior. Seu objetivo é conectar áreas de grande interesse ambiental, mas separadas pelo denso tecido urbano dos bairros de Madureira, Cascadura, Engenheiro Leal, Quintino Bocaiuva e Turiaçu. A área central do corredor é atravessada pela ferrovia, mas possui alguns parques urbanos e outros espaços verdes e abertos. As áreas centrais possuem grandes áreas reflorestadas. O Parque Urbano de Madureira, construído pela prefeitura, é o terceiro maior da cidade (Ferreira Santos, 2011, 7 de novembro).

Corredor entre as serras dos Pretos Forros e da Misericórdia (Ferreira Santos, 2011, 7 de novembro):

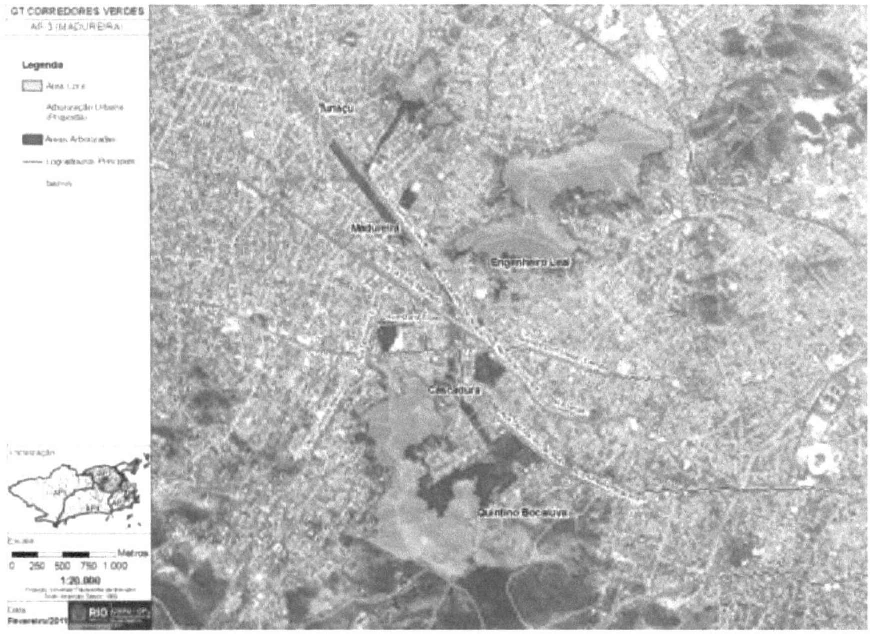

Potencial para mapeamento de vegetação e informações plaquiais em favelas

O relatório sobre os corredores verdes (Ferreira Santos, 2011, 7 de novembro) permanece bastante vago em relação às favelas, sendo uma das diretrizes: garantir a compatibilidade da implantação dos corredores verdes com as intervenções em assentamentos precários e informais e com a produção de habitação social. E outro artigo afirma que a Rede de Corredores Verdes observará sua convivência com os assentamentos precários e informais e com a produção de habitação social, integrando-os aos processos de recuperação e preservação dos ecossistemas e bens socioculturais (Ferreira Santos, 2011, 7 de novembro). Afirma ainda que o Conselho Consultivo do Mosaico Carioca deve incluir um representante de Associação de Moradores e um de associação de favela entre os 19 membros.

O Rio apresenta "altos contrastes de florestas e densas áreas urbanizadas", foto de Santa Marta com o Morro do Corcovado (Herzog, 2012, 10 de julho):

A favela Santa Marta, delimitada por uma linha vermelha, está em declive (de uma altitude de cerca de 25m na base e 200m no topo), entre floresta secundária em estágio avançado (verde mais escuro), em estágio médio (verde médio) e em estágio inicial (verde claro), com uma área reflorestada pela prefeitura (cor bege) a nordeste (captura de tela de Florestas do RIO, s.d.):

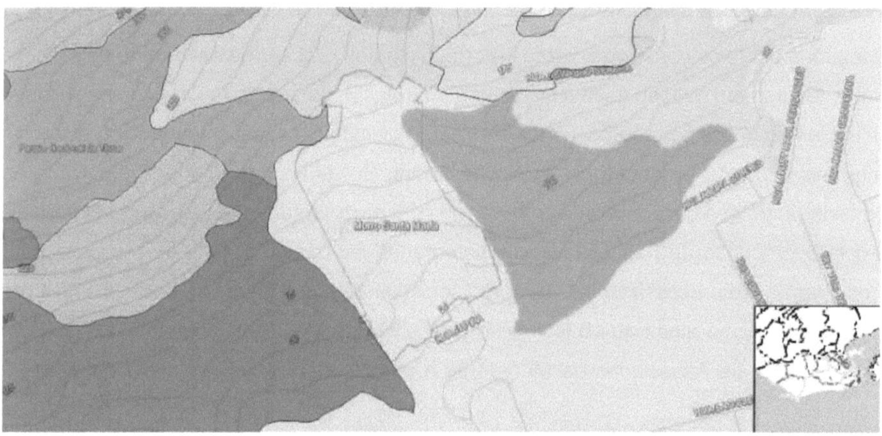

O tipo de dados que seriam necessários para criar um plano holístico para os espaços públicos nas favelas (*Geospatial information: better coordination needed to identify and reduce duplicative investments*, 2004, p5)

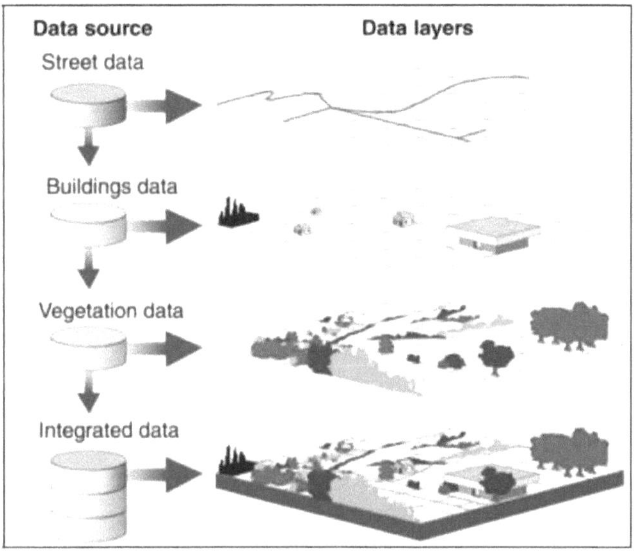

Ian McHarg é conhecido por seus mapas elaborados, nos quais ele coloca em camadas todas as caraterísticas naturais de um local (Al, 2014, 14 de outubro). Se eu tivesse os dados, poderia determinar quais rios (linhas) "atravessam" quais favelas (polígonos). De fato, precisamos descobrir onde estão as prioridades ambientais e sociais para planejar a infraestrutura verde por causa da questão da equidade de acesso ao espaço verde (Burlin, 2014, 1 de outubro).

Camadas de informações reunidas para criar um mapa de acordos de conservação na Flórida, mostrando as áreas de maior prioridade para conservação (Barnett, 2014, 1 de outubro): uma coisa semelhante, com os dados, poderia ser feita em uma escala muito menor nas favelas do Rio com o habitat / água / urbanização densa / contiguidade existente:

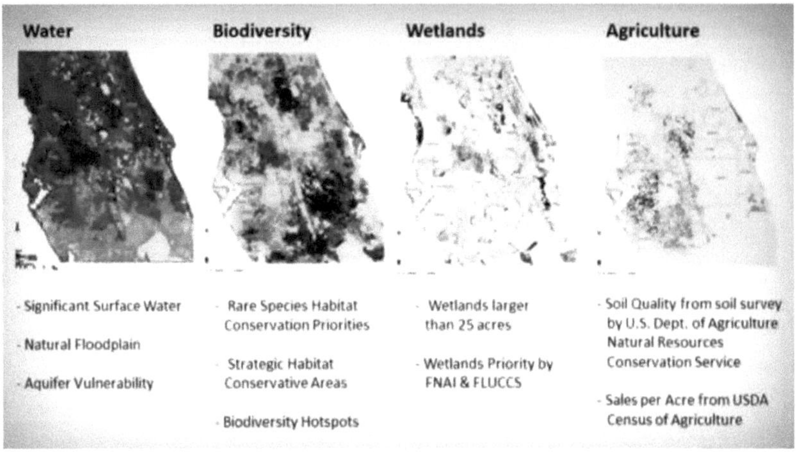

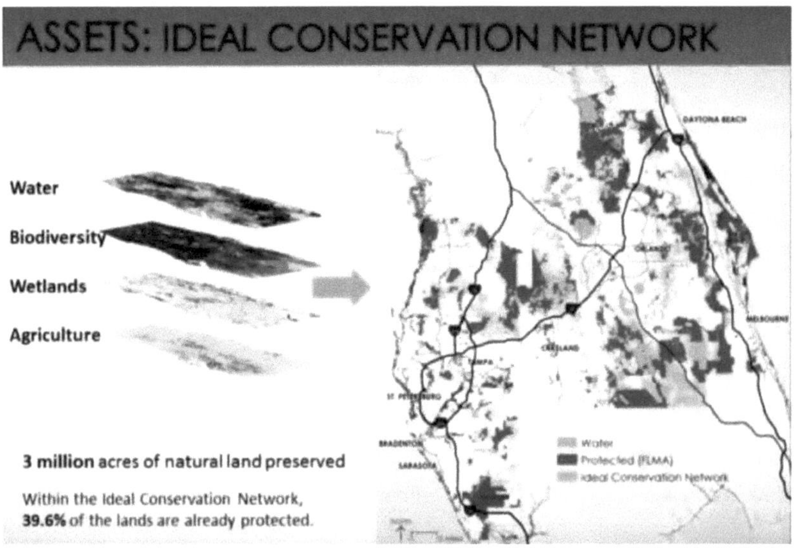

Com a tecnologia atual, as oportunidades de mapeamento estão a multiplicar-se, por exemplo, com o potencial de aceder a locais em telemóveis equipados com GPS. As informações geográficas tradicionais são boas para a análise espacial, ao passo que as informações geográficas voluntárias fornecem informações "platinas": sobre emoções e valores relacionados com os lugares (Hecht, 2014, 27 de outubro). A informação geográfica voluntária não oferece uma descrição objetiva e completa das áreas de interesse, mas reflecte antes os pontos de vista daqueles que contribuem para ela (Hecht, 2014, 27 de outubro).

Por conseguinte, é importante ter em conta os prós e contras intrínsecos da informação geográfica voluntária, tal como apresentado por Hecht (2014, 27 de outubro):

Prós da VGI	Contras da VGI
• Conjuntos de dados muito grandes (em casos especiais importantes)	• Vieses de cobertura
• Muitas vezes facilmente descarregável e utilizável (sujeito a limitações da API)	• Nem todas as vozes são iguais
• Fonte de informação "platiana" sem precedentes	• Pode ser ligeiramente menos exato (embora, na maioria dos casos, seja mais do que suficiente)

Com o aumento da utilização da Internet e das redes sociais, existe um grande potencial para ideias de crowdsourcing e soluções de crowd-funding para cidades melhores, como exemplificado pelo projeto My Ideal City em Bogotá (Fawkes, 2013, 7 de abril). O sítio Web do projeto (My Ideal City, n.d.) coloca aos habitantes da cidade questões como "Que espaços abandonados na sua cidade ou bairro revitalizaria e transformaria em áreas recreativas ou desportivas?" e "Que espaço na cidade poderia ser utilizado para desenvolver a agricultura urbana?", recolhendo as suas respostas para que os especialistas analisem as tendências e proponham soluções.

Sustentabilidade intrínseca das favelas

Theresa Williamson insistiu no facto de que, apesar de o Rio de Janeiro ser talvez a cidade onde as comunidades faveladas são mais estigmatizadas, estes assentamentos devem ser olhados como uma fonte de inspiração para práticas sustentáveis (Goodenough, 2014, 20 de setembro). Os princípios sustentáveis de fato já existem nas favelas cariocas, mas são tão orgânicos que passam despercebidos: vias amigáveis para pedestres, uso de bicicletas e transporte coletivo, comércio local, arquitetura orgânica e, fundamentalmente, valores como solidariedade e senso de coletivismo que são tão naturais que chamamos de comunidades de favelas (*Favela como Modelo Sustentâ vel / Favela as a Sustainable Model, 2012).*

Esta ausência de tráfego motorizado pode estar relacionada com o sentido de identidade destes bairros: o quadro seguinte, adaptado de Appleyard e Lintell (1971), suscita a questão de saber o que se assemelharia às respostas numa coluna "favela" com ainda menos tráfego.

	Bairro com pouco trânsito **- 2.000 veículos / dia** **- 200 veículos / hora de ponta hora** **- 15-20 mph** **- bidirecional**	**Bairro com tráfego moderado** **- 6.000 veículos / dia** **- 550 veículos / hora de ponta** **- 25 mph** **- bidirecional**	**Bairro com tráfego moderado** **- 16 000 veículos / dia** **- 550 veículos / hora de ponta** **- 35-40 mph** **- Unidirecional**
Intervenção de residentes sobre "vizinhança" e "visita"	*Sinto que é a minha casa. Há pessoas calorosas nesta rua. Não me sinto só.* *Toda a gente conhece.* *Definitivamente, uma rua amigável.*	*Vê-se os vizinhos mas não são amigos íntimos. Já não sinto que exista uma comunidade, mas as pessoas .*	*Não é uma rua amigável, ninguém oferece ajuda.* *As pessoas têm medo de ir para a rua por causa do trânsito.*
Intervenção dos residentes no "território de origem"	*A vida na rua não se intromete em casa. Só a felicidade vem da rua.* *I sinto que a minha casa se estende a todo o quarteirão.*	*É um sítio médio que não requer qualquer reflexão.*	*É impessoal e público.* *O ruído da rua invade a minha casa.*

Durante décadas, os planejadores urbanos têm trabalhado para imitar essas qualidades (Girling & Kellett, 2005) que já existem nas favelas. As favelas são, de facto, tanto de baixa como de alta densidade, orientadas para peões e ciclistas, com uma elevada utilização de transportes públicos. As favelas promovem o uso misto (casas sobre lojas) e distâncias curtas entre a residência e o local de trabalho. São criadas através da ação colectiva e crescem organicamente: a sua arquitetura evolui de acordo com as necessidades. As favelas são também o lugar de intrincadas redes de solidariedade e de uma vibrante produção cultural (Goodenough, 2014, 20 de setembro).

<u>Acupunctura urbana no tecido urbano denso</u>

As intervenções urbanas nas favelas devem levar em conta suas qualidades, tanto do ambiente físico quanto do social (Goodenough, 2014, 18 de agosto). As favelas não são o lugar de espaços cívicos monumentais, mas sim de lugares públicos íntimos à escala humana.

Visão modernista do parque em escala maciça com retenção de grandes espaços abertos, como uma grande área separada não integrada às torres residenciais; muito diferente do tecido urbano das favelas (Hack et al., 2014, 30 de setembro):

No seu livro de 1979, *The Timeless Way of Building*, "Alexander defende que existe uma forma intemporal de construir cidades para que as pessoas se possam sentir novamente vivas. O que é necessário é uma mudança do design abstrato e excessivamente intelectualizado para uma abordagem baseada nas necessidades diárias imediatas das pessoas" (Gehl e Svarre, 2013, p53). Fred Kent argumentou durante uma apresentação sobre placemaking em São Paulo, no [dia] 6 de outubro:

Perdemos a nossa alma.

Fomos cegamente coagidos a acreditar que profissionais premiados e autoridade de cima para baixo nos conduzirão a um futuro belo e próspero.

A arquitetura de hoje, a que recebemos de Frank Gehry e Thom Mayne, é simultaneamente egoísta e sem alma.

Wendy Gunn, professora de antropologia do design, diz que a diferença entre o contexto europeu e o Brasil é que aqui as coisas "não estão todas costuradas", há potencial para coisas que não seriam possíveis na Dinamarca (Goodenough, 2014, 18 de agosto). Eeva Berglund, estudiosa de antropologia, elogia a cultura brasileira e a habilidade de "fazer": usando o bom senso e o que está à mão, reaproveitando objetos (Goodenough, 2014, 18 de agosto). Apesar de os media retratarem as favelas como cenários de violência e miséria, elas são lugares de criatividade e abundância. Lá, a arte e o design já se encontram com a sustentabilidade, por exemplo, com a iniciativa de reciclagem de vidro de Alex Sandro (Schuindt, 2013, 28 de janeiro).

A mentalidade do "faça você mesmo" estende-se ao tecido urbano da favela, por exemplo, com o projeto que visa promover uma visão colectiva dos espaços públicos do Alemao através de uma exposição interactiva (Jaquet, 2014, 20 de maio):

Marcos Rosa, autor de *Handmade Urbanism: From Community Initiatives to Participatory Models*", deu uma palestra no centro do Rio sobre o mapeamento de formas "mais leves, mais rápidas, mais baratas" de criar a cidade. Ele insiste que a conceção dominante de como as cidades são feitas, ou seja, como intervenções técnicas do Estado, está errada. As cidades são de facto construções complexas e porosas que envolvem a participação de muitas pessoas (Goodenough, 2014, 18 de agosto).

As infraestruturas implementadas pelo Estado também podem ser adaptadas ao uso e humanizadas, como se vê, por exemplo, no urbanismo incremental da Cidade de Deus (Jaquet, 2014, 5 de abril):

Há um grande potencial nos morros do Rio de Janeiro para melhorar o acesso a belas vistas, em vez de vender essas áreas para quem der o maior lance imobiliário. Aproveitando as vistas do Rio, os espaços nos telhados também podem ser melhorados para serem confortáveis para todos.

Vista da Lagoa a partir de uma área rochosa não utilizada na favela do Cantagalo, foto de Simone Tinelli:

O planejamento nas favelas cariocas precisa levar em conta não apenas a geografia física, muitas vezes morros com belas vistas, mas também as formas de uso do espaço pelos moradores. Mesmo na cidade formal, "o impulso de mover cadeiras, seja por apenas 15 ou 20 centímetros, é muito forte. Mesmo quando não há razão funcional para isso, o exercício da escolha é satisfatório" (Whyte, 1980, p36). Mas nas favelas do Rio, marcadas por sua dinâmica orgânica e nunca acabada, é ainda mais importante projetar espaços públicos adaptáveis em vez dos modernos e obsoletos que parecem ser a norma hoje em dia.

Blocos móveis para sentar à volta de uma zona de churrasco com vista (Andy Sturgeon Design de Paisagens e Jardins - Soluções Inovadoras e Práticas, 2014, 29 de abril):

Astbury (2014, 7 de setembro) argumenta que "abdicar de um pouco de controlo pode levar a cidades mais interessantes, a um maior sentido de comunidade e a uma melhor qualidade de vida urbana em geral" (Astbury, 2014, 7 de setembro). Stan Allen (citado por Marcinkoski, 2014, 13 de outubro) defende que devemos "ativar o espaço e produzir efeitos urbanos sem o aparato pesado da construção tradicional do espaço". O bom place-making baseia-se em bons estudos de vida pública, de facto "o primeiro dos 11 princípios do PPS [Project for Public Spaces] para a criação de 'bons lugares' é que a comunidade é o especialista." (Gehl e Svarre, p67) Haas&Hahn argumentam contra o planeamento e o orçamento antecipados da totalidade de uma intervenção numa favela; preferem antes passar algum tempo na comunidade, utilizar financiamento e mão de obra da base para o topo, deixando o projeto crescer organicamente e ter vida própria.

Defendem a eliminação dos números e dos pressupostos e o regresso à ideia de base, que no seu caso é fazer de uma colina uma obra de arte (Koolhas & Urhahn, 2014, 7 de novembro):

O conhecimento do contexto e a participação da comunidade são, de facto, fundamentais para o sucesso a longo prazo e inclusivo dos projectos nas favelas. A educação e a divulgação poupam dinheiro e dores de cabeça ao longo do caminho (Burlin, 2014, 1 de outubro). Em vez de uma abordagem de cima para baixo, seria interessante desenvolver e fomentar parcerias com universidades, organizações sem fins lucrativos, associações de bairro, empresas: o trabalho em rede é rentável e bom para a comunicação (Burlin, 2014, 1 de outubro). A divulgação pode ser variada: boletins informativos, passeios de bicicleta, entre pares (Burlin, 2014, 1 de outubro).

Gehl e Svarre (2013, p108) defendem um planeamento baseado na escala humana, nos sentidos e nas necessidades: "já não são incorporados como uma reflexão tardia no final de um projeto, mas podem naturalmente constituir o ponto de partida para a conceção de cidades, edifícios e espaços públicos para as pessoas"; por exemplo, na Austrália, onde "passagens estreitas através de blocos de edifícios foram convertidas em locais atractivos para ficar ou passear" (Gehl e Svarre, 2013, p131).

Exemplo de um beco tradicional e de um beco revitalizado em Melbourne, Austrália (Gehl e Svarre, 2013, p131):

Cooper Markus e Francis (1990, p6) defendem a inclusão de mulheres, crianças e idosos na conceção de espaços públicos: "Granen (2014, 29 de outubro) fala da sua experiência: com alguns conselhos e muito controlo, as crianças gostam de se envolver no planeamento e na criação de paredes verdes comestíveis na sua escola. Isto dá-lhes um projeto para aprenderem de uma forma aplicada e promove as relações entre diferentes grupos etários (Granén, 2014, 29 de outubro).

Exemplo da transformação, por residentes e estudantes, de um espaço insípido e pouco inspirador num parque infantil com base nas necessidades dos utilizadores (Gehl e Svarre, 2013, p. 95):

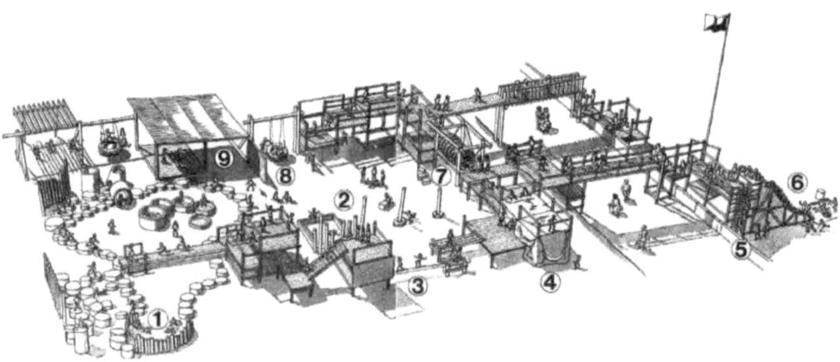

"As imagens do antes e do depois mostram como o parque infantil rompe com as linhas geométricas rectas do modernismo ao 'fazer a ponte' entre as fronteiras." (Gehl e Svarre, 2013, p94):

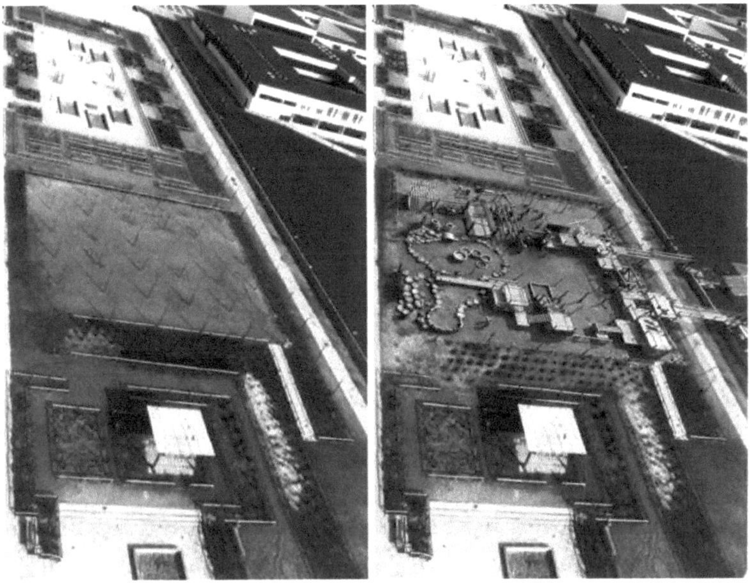

A regulamentação da construção nas favelas é muitas vezes acusada de limitar o acesso das pessoas à habitação a preços acessíveis; mas poderia ser utilizada de forma inteligente para espaços públicos de qualidade e infra-estruturas verdes. A linha de edificação exige que qualquer prédio construído mantenha a linha da rua. Estende-se a uma altura uniforme; acima desse nível, qualquer construção deve ser recuada em relação à rua. Essa combinação de "build-to" para os andares mais baixos e recuos para os mais altos mantém as partes dos edifícios mais próximas do nível da rua em escala com a rua (Barnett, 2014, 2 de outubro). Nas favelas que ainda estão a crescer, isto poderia resultar em lajes viradas para a rua e praças, uma continuação semi-privada do espaço público e menos invasão da vista dos outros sobre a cidade. Espera-se que elas também contribuam para a infraestrutura verde da favela e, assim, proporcionem conetividade com a vegetação plantada nos espaços públicos.

Telhados verdes, árvores de rua e um parque criam um bairro verde coeso e habitável em False Creek, Vancouver (Hack, 2014, 2 de outubro):

Vemos frequentemente a conceção de uma cidade como a criação de planos e a sua execução, quando, na realidade, a conceção de cidades envolve muitas vezes longas negociações para criar benefícios públicos sem gastar muito dinheiro (Hack, 2014, 2 de outubro). Como no caso do High Line (Hack, 2014, 2 de outubro), a criação de um novo espaço público pode permitir uma modificação dos regulamentos. Por exemplo, os direitos sobre terrenos privados que poderiam ser espaços públicos valiosos poderiam ser trocados pelo direito de construir mais alto noutro local dentro da mesma comunidade. No entanto, nessas negociações público-privadas, é importante ter em mente a vocação da favela para a habitação a preços acessíveis e incluir algumas cláusulas de restrição de renda nas permissões para novos empreendimentos.

Infraestrutura verde na favela

As favelas deveriam ser áreas-chave para a estratégia de biodiversidade do Rio de Janeiro: elas estão freqüentemente presentes em encostas de morros, naturalmente locais de alta biodiversidade devido às mudanças de altitude e, portanto, de habitat. No entanto, os utilizadores do campo de futebol no topo do Santa Marta não pareciam conscientes das plantas e animais que os rodeavam. Muitos trilhos para caminhadas começam nas favelas: existe um potencial amplamente inexplorado para envolver as pessoas que passam e tornar as comunidades parte da atração.

"Em cima: uma foto da floresta perto da estátua do Cristo Redentor. Em baixo: a mesma foto, com um desenho de potenciais trilhos turísticos, incluindo um percurso de arvorismo com educação ambiental" (Martin, 2012, 10 de novembro):

Vale Encantado, que significa apropriadamente Vale Encantado em inglês, é uma pequena comunidade aninhada no meio da Floresta da Tijuca. Tem uma longa história de estar intrinsecamente ligada à floresta e, por isso, desenvolveu um interesse pela ecologia (Vale Ecantado, n.d.). Este interesse manifesta-se na cooperativa da comunidade empresarial, que organiza passeios ecológicos na floresta e apresenta a gastronomia local, incluindo o famoso "jacalhau" (Vale Encantado, n.d.). A maior parte dos alimentos do Vale Encantado provém, de facto, das plantas da comunidade; estão atualmente a recuperar uma área de horta para produzir mais alimentos saudáveis (Goodenough, 2014, 20 de setembro).

Vista do Vale Encantado e Otavio Barros a fazer uma visita guiada (Goodenough, 2014, setembro

20):

Regina Tchelly, proprietária da Favela Orgânica, começou a cultivar legumes na sua horta em Babilônia e depois expandiu para o terreno dos seus vizinhos, ensinando-os a cultivar produtos. O desafio é mantê-los: muitos de seus novos jardineiros abandonam o cultivo depois de comer a primeira rodada de produtos (Sims, n.d.).

Outras favelas oferecem potencial para tornar mais verde o denso tecido urbano (Projeto, n.d.):

Horta comunitária em terreno recuperado na Rocinha, Rio de Janeiro, Brasil (Sites, n.d.) e horta comunitária gerida por voluntários na favela de Manguinhos, Rio de Janeiro, Brasil, organizada pelo Green My Favela (Guerrilla Gardening and Urban Gardening - Creating Spaces of Urban Alterity, 2014, fevereiro 10):

O Vale Encantado também abriga iniciativas mais técnicas que incentivam a sustentabilidade ambiental da favela: painéis solares e um biodigestor que reutiliza o lixo orgânico para criar adubo para as plantas da comunidade. O Vale Encantado é uma ótima comunidade-piloto para se tornar um modelo de favela sustentável: ela já tem vocação para isso e seu pequeno tamanho, com as informações e ferramentas certas, lhe daria potencial para experimentar estratégias locais que mais tarde favelas maiores poderiam aplicar. Os participantes do workshop Greenbuilding Brasil sugeriram respostas técnicas: por exemplo, a criação de uma "máquina viva", onde processos naturais e plantas limpariam as águas residuais. O Rio de Janeiro tem sérios problemas de tratamento de esgoto, e o Vale Encantado poderia ser um exemplo nesse domínio (Goodenough, 2014, 20 de setembro).

Painéis solares e biodigestor do Vale Encantado (fotos pessoais):

Os aglomerados informais têm um grande potencial: é possível instalar corretamente as infra-estruturas à primeira, sem necessidade de readaptação e tendo em conta as lições aprendidas com os erros convencionais, por exemplo, enterrar os cursos de água (Clark Howard, n.d.). Francisca Rojas, que participou no workshop Greenbuilding, resume este potencial de melhorias inteligentes em aglomerados informais (Goodenough, 2014, 20 de setembro):

Existe potencial para melhorar a qualidade de vida nos aglomerados informais através da introdução de estratégias de desenvolvimento mais conscientes do ponto de vista ambiental e de baixo impacto, como as infra-estruturas verdes e a agricultura urbana, que podem melhorar a resistência de um local face a riscos naturais como inundações e deslizamentos de terras. Existe uma grande oportunidade para repensar os programas de requalificação urbana, em que as infra-estruturas convencionais, como a pavimentação de ruas e os sistemas de drenagem, podem ser modificadas para incorporar intervenções mais sustentáveis que funcionem com sistemas naturais, como pavimentos permeáveis, bio-valetas, jardins de chuva, etc. Isto exigirá uma mudança de paradigma no modelo de modernização convencional, em que as intervenções são adaptadas às condições locais e os residentes participam ativamente tanto na conceção como na manutenção dos sistemas de infra-estruturas verdes.

As águas pluviais podem, de facto, ser abrandadas através da biorretenção de jardins de chuva: valas ou canais de solos compactados, areia e materiais de drenagem, solos vegetais e vegetação nativa da região. Os jardins de chuva não são apenas esteticamente agradáveis, mas também restauram o habitat da vida selvagem (Leveraging the Landscape to Manage Water, n.d). As aves, os anfíbios, os répteis e os mamíferos necessitam de locais para se abrigarem: a cobertura do solo, os arbustos e as camadas de sub-bosque não devem ser esquecidos e as pilhas de arbustos ou rochas criam interesse visual e proporcionam habitat (Designing Neighborhoods for People and Wildlife, n.d.).

As favelas são frequentemente consideradas como não tendo potencial para espaços verdes. De facto, é difícil conceber a criação de um grande espaço aberto nestas zonas densas da cidade. No entanto, se mudarmos a nossa perspetiva para as oportunidades dadas pela verticalidade, há espaço para infra-estruturas verdes. Os telhados verdes podem ajudar a compensar o impacto dos edifícios na paisagem. Melhorias verdes na propriedade privada, tais como telhados verdes e jardins verticais, podem ser catalisadas através de incentivos financeiros e ajuda técnica. O documentário *Teto Verde Favela* sugere um meio fácil de tornar verde qualquer telhado de favela: de facto, ao utilizar um determinado material e plantas que estão habituadas a crescer em rochas, com uma pequena extensão de raízes, o telhado não suporta muito peso extra (Diretor, 2014).

As plantas sugeridas para as coberturas verdes (Diretor, 2014):

Species that are endemic to Brazil		**Species that are not endemic to Brazil**	
Aechmea amicorum (Aechmea Family Photos, n.d.)		*Tradescantia zebrine* (Ondra, 2009, December 4)	
Callisia repens (Rojas-Sandoval & Acevedo-Rodríguez, 2013, May 3).		*Kalanchoe fedtschenkoi* (Bryophyllum fedtschenkoi, 2014, January 9).	
Pilosocereus azureus (Pilosocereus , 2014, March 9).		*Callisia fragrans* (Callisia fragrans, 2014, September 24).	
Neoregelia (Neoregelia, 2014, September 9)		*Aloe vera* (Aloe vera, 2014, September 21)	

Aloe arborescens (Aloe arborescens, 2014, September 22)

Cleistocactus winteri (Cleistocactu s winteri, 2014, August 21)

O vídeo ou as intervenções dos iniciadores do Teto Verde Favela podem ser uma fonte catalisadora de inspiração para outras comunidades replicarem. Tal como as plantas no topo dos autocarros na Catalunha (Horton, 2013, 24 de julho), poderia ser possível tornar verde o topo das kombis que sobem e descem as favelas do Rio: as plantas em movimento poderiam ajudar a polinização cruzada, melhorar a qualidade do ar e dar muita visibilidade à natureza. A vegetação no topo dos autocarros compensa, de facto, o aumento da produção de CO2 devido ao seu peso através do CO2 absorvido pelas plantas, mas também reduz a necessidade de aquecimento/ar condicionado, atenua o efeito de ilha de calor urbana, acolhe a biodiversidade e torna a natureza visível para os habitantes da cidade (Granén, 2014, 29 de outubro). Como refere Astbury (2014, 7 de setembro), este tipo de iniciativa "pode dar exemplos do que pode acontecer quando as pessoas não estão preparadas para isso numa base mais permanente. Ou podem ocupar espaços que estão destinados a outros usos e, assim, enviar uma mensagem de que as coisas não têm de ser permanentes."

Exemplos de um autocarro e de uma carrinha com telhados verdes (Phytokinetic, n.d.):

A intervenção em áreas verdadeiramente públicas e o incentivo à ação comunitária em propriedades privadas conduziriam a muitas melhorias, por exemplo, mantendo mais águas pluviais nas propriedades do que no escoamento (Burlin, 2014, 1 de outubro). Ninguém quer chegar a um cenário em que a manutenção da infraestrutura seja demasiado cara para o contribuinte: a infraestrutura verde é mais sustentável do ponto de vista económico. Por exemplo, cada dólar investido nas árvores públicas de Portland rende 3,80 dólares em benefícios estéticos e ambientais (Burlin, 2014, 1 de outubro). Ao contrário das infraestruturas cinzentas, por exemplo um cano, as infraestruturas verdes têm múltiplos benefícios (Al, 2014, 15 de outubro).

Ian McHarg defendeu a utilização da natureza a nosso favor, em vez da engenharia para sair de tudo (Hack et al., 2014, 13 de outubro). A conceção de cidades verdes consiste em "integrar as paisagens naturais na conceção das cidades" (Barnett, 2014, 27 de setembro). É claro que há muito menos habitat nas cidades de hoje do que antes do desenvolvimento, mas podemos aumentar a conetividade das manchas actuais e projetar cidades para emular as funções do ambiente pré-desenvolvimento (Barnes, 2014, 8 de outubro). Podem ser concebidos equivalentes funcionais da forma como a natureza faz as coisas, por exemplo, um dossel abranda o fluxo de água e, em geral, a floresta reduz o escoamento (Barnes, 2014, 8 de outubro). Benfield (2014, 27 de outubro) defende o verde a par do cinzento, mas "nas cidades precisamos que seja concebido para apoiar e não suplantar a função urbana".

"Os requisitos podem ser cumpridos sem desencorajar as densidades urbanas necessárias para atingir os objectivos de crescimento inteligente" (Benfield, 2009, 24 de março):

Pre-Settlement Conditions | Historical Urban Development | Urban Greening

Existem áreas vazias nas favelas, geralmente encostas de betão onde correm os esgotos e o lixo é espalhado, por exemplo em Santa Marta (foto pessoal):

Este espaço, junto a uma das estações do plano inclinado, está ao lado de um quadro onde se lê "Quero uma Santa Marta limpa" (fotos pessoais):

Em menor escala, as jardineiras de concreto e os canteiros de terra são muitas vezes deixados estéreis ou suportam apenas uma camada de vegetação, árvores, em uma praça desprovida de lixeiras (fotos pessoais da praça estudada na Rocinha):

Duas citações de Astbury (2014, 7 de setembro) são importantes para incluir no que diz respeito ao potencial de espaços atualmente não cuidados nas comunidades do Rio:

As pessoas são mais propensas a intervir em paisagens que se sentem em casa, em locais que têm escala humana e são defensáveis e onde se cruzam com pessoas que conhecem. É por isso que as ruelas e os passeios dos bairros residenciais são geralmente bastante convidativos. São lugares que se sentem como se estivessem entre o espaço público e o privado, independentemente de quem é efetivamente o proprietário do terreno. Devido à proximidade do local onde vivem, as pessoas têm oportunidades de interação regular com estas paisagens e com as outras pessoas que as utilizam, o que ajuda a criar ligações, um precursor da ação.

Uma "estética do cuidado" (Nassauer, 1997) é muito importante em espaços urbanos soltos. A maioria das pessoas recua perante locais que são objeto de negligência e vítimas de desdém. A remoção do lixo é fundamental. Este deve ser removido repetidamente até que um espaço deixe de ser visto como uma lixeira. Normalmente, os vizinhos e os voluntários particularmente interessados podem ser persuadidos a fazê-lo algumas vezes por ano (e deve ficar claro que foram os cidadãos que o fizeram), mas esta é uma área em que deve haver investimento em pessoal remunerado para manter o convite até que as pessoas comecem a aceitá-lo.

Informação sobre algumas plantas numa rua de Santa Teresa, que os vizinhos cuidam, com a citação "O segredo não é perseguir borboletas... Mas cuidar do jardim para que elas venham até você" (foto pessoal):

Acompanhamento e avaliação dos progressos

A sustentabilidade é um horizonte, mas aqui estão algumas sugestões para monitorizar e avaliar o progresso das iniciativas de criação de lugares e de infra-estruturas verdes.

Especialistas em estudos da vida pública, como Jan Gehl, insistem na utilidade de observar os mesmos lugares ao longo do tempo, utilizando a mesma metodologia. Os lugares estão em constante mudança, esta tabela poderia servir como uma lista de controlo para possíveis melhorias.

Os 12 critérios de Jan Gehl (2005, p107) para avaliar as qualidades do espaço público:

Para avaliar as condições sociais e ambientais antes e durante as intervenções, o relatório do município do Rio sobre os corredores verdes (Ferreira Santos, 2011, 7 de novembro) propõe indicadores que podem servir de base para a melhoria das intervenções:

- A temperatura, que pode ser objetivamente medida com termómetros e também avaliada através da perceção das pessoas afectadas pelos corredores verdes;
- Biodiversidade da flora e da fauna, que pode ser avaliada através da realização de inventários;
- Níveis de poluição por partículas, que podem ser objetivamente medidos e avaliados através da perceção das pessoas afectadas pelos corredores verdes;
- Propriedades químicas, físicas e biológicas das águas de superfície, que podem ser objetivamente medidas e também avaliadas através da perceção das pessoas afectadas pelos corredores verdes.

Tim Beatley (2014, 24 de setembro) enumera os seguintes elementos como sinais da biofilia de uma cidade: envolvimento e participação; padrões de atividade, estilo de vida; cultura da curiosidade; programas e governação; conhecimento, ligações, cuidados profundos. Na sua missão de proporcionar a todas as crianças experiências ao ar livre e encontros com a natureza, Richard Louv (2014, 6 de outubro) sugeriu 12 questões importantes que deveríamos colocar sobre equidade e capacidade:

1. Como é que diferentes comunidades minoritárias ou étnicas - urbanas, suburbanas ou rurais - se ligam à natureza? Que ferramentas e tradições praticam estas comunidades que poderiam ser encorajadas - e adoptadas por outros grupos?

2. De acordo com os avós das comunidades minoritárias ou étnicas, que instrumentos e tradições desapareceram ou se perderam, mas podem ser recuperados?

3. Que barreiras à experiência na natureza são específicas das crianças e jovens com deficiência? Além disso, que aptidões e capacidades orientadas para a natureza poderiam ser adaptadas a outras comunidades?

4. Que papel desempenham os bairros urbanos, suburbanos e rurais no apoio político aos parques e espaços abertos?

5. Qual é a disponibilidade comparativa de natureza próxima (especialmente parques naturais) com base não só na área, mas também em questões como a criminalidade, restrições legais e a qualidade do ambiente construído?

6. Que instituições e organizações fazem o melhor trabalho para chegar às populações carenciadas; que novas abordagens estão a surgir e onde (o papel das bibliotecas, por exemplo)?

7. Qual é a probabilidade de os professores ou os pais levarem as crianças para a natureza ou para a natureza selvagem para aprenderem e explorarem? E quem é que pode ir para o acampamento?

8. Que papel desempenha o preconceito - baseado na raça, etnia, orientação sexual ou deficiência - na experiência da natureza?

9. Qual é, ou será, o impacto do aumento do fosso de rendimentos nas experiências naturais das crianças?

10. Como é que os cortes actuais ou futuros na educação, nos programas baseados na natureza e nos parques terão impacto nos diferentes níveis socioeconómicos?

11. Nas zonas urbanas, suburbanas e rurais, qual é o impacto da experiência repetida da

natureza nas vantagens de desenvolvimento, confiança, resiliência e benefícios para a saúde - e até que ponto os residentes estão conscientes dos benefícios?

12. Nestas comunidades, as pessoas acreditam que as experiências na natureza - a disponibilidade das mesmas - devem ser consideradas um privilégio ou um direito humano?

Considerações finais

As cidades, ainda mais nas zonas informais, nunca estão concluídas: há sempre novas ideias a serem acrescentadas, a forma e o carácter da cidade estão em fluxo. Por conseguinte, não estão predeterminadas para a catástrofe e podem ser melhoradas. Os jornais dizem que a chuva mata e inunda, mas ela só traz vida; o que mata e inunda são cidades mal projetadas (Martin, 2014, 11 de novembro). A infraestrutura verde, por exemplo, tornaria as favelas mais resilientes diante de desastres naturais

Carman (2011, 14 de outubro) diz sobre os moradores das favelas: "O que lhes falta em riqueza, medida pelo capitalismo de consumo, eles compensam em amizades, em amor e comunidade". A visão dos moradores das favelas muitas vezes se choca com os planos da cidade, geralmente assumidos por um grande grupo de construção, e que envolvem shoppings, arranha-céus e rodovias. Vivemos num mundo concebido não para se adaptar às pessoas, mas para se adaptar ao neoliberalismo: os projectos têm de ser ecológicos, mas, acima de tudo, lucrativos; os projectos têm de ser para o bem social, mas, acima de tudo, lucrativos. No Rio e noutros locais, podemos observar uma desconexão entre "os fatos" e "as t-shirts", entre os planos da cidade e as iniciativas de urbanismo artesanal (Goodenough, 2014, 18 de agosto).

"Minha dignidade não pode ser comprada no mercado", foto pessoal do projeto Morrinho, uma recriação em menor escala da arquitetura da favela por jovens das comunidades, de 19 de junho de 2014:

Em 2050, espera-se que um terço da humanidade viva em assentamentos informais (Neuwirth, 2005, julho): o crescimento populacional ocorrerá nas favelas do mundo, e não nas áreas rurais ou nas partes formais da cidade. Muitas das favelas do Rio de Janeiro têm muita história e estão bem desenvolvidas; há muito potencial para iniciar estratégias sustentáveis nessas áreas e depois mostrá-las como um exemplo para o resto do mundo.

"O objetivo a longo prazo dos estudos sobre o espaço público e a vida pública é sempre tornar as pessoas uma parte mais visível do planeamento" (Gehl e Svarre, 2013, p126). Os espaços públicos estudados são, em muitos casos, visitados diariamente pelos seus utilizadores e, portanto, são uma parte importante das suas vidas, hábitos e representações da cidade. Se o Rio quer competir internacionalmente e atrair visitantes e investimentos - como o projeto da cidade parece indicar - sem prejudicar as necessidades dos seus residentes, deve dar prioridade a espaços públicos adequados ao seu contexto e que contribuam para a qualidade de vida da cidade. "Boas cidades são todas sobre pessoas" (Gehl e Svarre, 2013, p159). As favelas abrigam as pessoas que muitas vezes constroem e cuidam do resto da cidade; não é hora de começar a construir e cuidar de espaços públicos de qualidade por e para elas?

Fontes

Fotos da família Aechmea. (n.d.). *O quintal do Bob*. Recuperado em 26 de setembro de 2014, de http://www.theyardgod.com/aechmea.html

Al, S. (2014, 15 de outubro). Infra-estruturas verdes e energias renováveis. *Designing Cities*. Palestra realizada a partir da Universidade da Pensilvânia, no site do Coursera: https://class.coursera.org/designingcities-002/lecture/75

Al, S. (2014, 14 de outubro). Gerir a água: Inundações e Escassez. *Projetando Cidades*. Palestra realizada a partir da Universidade da Pensilvânia, no site do Coursera: https://class.coursera.org/designingcities-002/lecture/61

Alexander, C., Ishikawa, S., & Silverstein, M. (1977). *A pattern language: towns, buildings, construction*. Nova Iorque: Oxford University Press.

Aloe arborescens. (2014, 22 de setembro). *Wikipédia*. Recuperado em 26 de setembro de 2014, de http://en.wikipedia.org/wiki/Aloe_arborescens

Aloé vera. (2014, 21 de setembro). *Wikipédia*. Recuperado em 26 de setembro, 2014, de

http://en.wikipedia.org/wiki/Aloe_vera

Alvim, M. (2013, 16 de setembro). Favelas são céu e inferno para ciclistas. *RioOnWatch*. Recuperado em 19 de maio, 2014, de http://www.rioonwatch.org/11148/favelas-are-heaven-and- hell-for-cyclists/

Andy Sturgeon Landscape and Garden Design - Soluções inovadoras e práticas. (2014, abril 29). *Os jardins mais bonitos*. Recuperado em 30 de setembro de 2014, de

http://mostbeautifulgardens.com/andy-sturgeon-landscape-garden-design-innovative-practical-solutions/9/

Appleyard, D. (1980). Livable Streets: Protected Neighborhoods? *The Annals of the American Academy of Political and Social Science*, 451, 106-117.

Appleyard, D., & Lintell, M. (1971). *Environmental quality of city streets (Qualidade ambiental das ruas da cidade)*. Berkeley: Center for Planning and Development Research, Universidade da Califórnia.

Astbury, J. (2014, 7 de setembro). Convidando você a colaborar com a natureza para transformar sua cidade. *A natureza das cidades*. Recuperado em 18 de setembro de 2014, de

http://www.thenatureofcities.com/2014/09/07/inviting-you-to-collaborate-with-nature-totransform-your-city/

Banca no Verde. (n.d.). *Sociedade Americana de Arquitectos Paisagistas*. Recuperado em 14 de outubro de 2014, de http://www.asla.org/ContentDetail.aspx?id=31301

Barbosa, M. (2013, 19 de maio). Violência racial e genocídio do Negro (Afrodescendente) no Brasil. *Eus-R, Um Canal de Dialogo Para a Cultura de Rua*. Recuperado em 5 de agosto de 2014, de http://eusr.wordpress.com/2013/05/19/violencia-racial-e-genocidio-do-negro-afrodescendente-no-brasil/

Barnes, J. (2014, 8 de outubro). A promessa da biomimética. *Série de Webinars outono 2014*. Webinar conduzido por Biophilic Cities: http://biophiliccities.org/webinar-series/

Barnett, J. (2014, 2 de outubro). Códigos e diretrizes de design. *Designing Cities*. Palestra realizada na Universidade da Pensilvânia, no site do Coursera: https://class.coursera.org/designingcities-002/lecture/39

Barnett, J. (2014, 1 de outubro). Investimento em infra-estruturas. *Designing Cities*. Palestra realizada a partir da Universidade da Pensilvânia, no site do Coursera: https://class.coursera.org/designingcities-002/lecture/35

Barnett, J. (2014, 28 de setembro). Design de sistemas de cidades. *Projetando Cidades*. Palestra realizada na Universidade da Pensilvânia, no site do Coursera: https://class.coursera.org/designingcities-002/lecture/35

Barnett, J. (2014, 27 de setembro). Design de cidades verdes. Projetando Cidades. Palestra realizada a partir de Universidade da Pensilvânia, no do Coursera: https://class.coursera.org/designingcities-002/lecture/33

Barnett, J. (2014, 26 de setembro). Design tradicional de cidades. *Designing Cities*. Palestra realizada na Universidade da Pensilvânia, no site do Coursera: https://class.coursera.org/designingcities-002/lecture/31

BBC. (n.d.). Welcome To Rio: In Pictures. *BBC News*. Recuperado em 19 de agosto de 2014, de http://www.bbc.co.uk/programmes/galleries/p01zk4qx

Beatley, T. (2014, 24 de setembro). Cidades Biofílicas e a Nova Rede Global. *Série de Webinars outono 2014*. Webinar conduzido por Biophilic Cities: http://biophiliccities.org/webinar- series/

Benfield, K. (2009, 24 de março). O Fator Verde de Seattle, que absorve a água da chuva e suaviza a paisagem urbana. *Switchboard*. Recuperado em 14 de outubro de 2014, de http://switchboard.nrdc.org/blogs/kbenfield/seattles_green_factor_absorbin.html

Benfield, K. (2011, 11 de outubro). Como as infra-estruturas verdes estão a tornar as cidades mais sustentáveis e hospitaleiras. *Switchboard*. Recuperado em 14 de outubro de 2014, de http://switchboard.nrdc.org/blogs/kbenfield/how_green_infrastructure_for_w.html

Benfield, K. (2014, 8 de julho). Dez perguntas que deveríamos estar a fazer sobre as nossas comunidades. *The Huffington Post*. Recuperado em 14 de outubro de 2014, de http://www.huffingtonpost.com/f- kaid-benfield/ten-questions-we-should-b_b_5565460.html

Benfield, K. (2014, 29 de julho). O que os moradores da cidade querem e por que isso é importante. *The Huffington Post*. Recuperado em 28 de outubro, 2014, de http://www.huffingtonpost.com/f-kaid-

benfield/what-city-dwellers-want-a_b_5628128.html

Benfield, K. (2014, 6 de outubro). Lembrando a escala humana em bairros urbanos que podem ser percorridos. *The Huffington Post*. Recuperado em 23 de outubro, 2014, de

http://www.huffingtonpost.com/f-kaid-benfield/remembering-the-human-sca_b_5938516.html

Benfield, K. (2014, 27 de outubro). Novo guia da ASLA destaca o verde urbano, literalmente, em

Portland. *Painel de controlo*. Recuperado em de outubro 29, 2014, de

http://switchboard.nrdc.org/blogs/kbenfield/new_guide_from_asla_highlights.html?utm_sou ce=feedburner&utm_medium=email&utm_campaign=Feed%3A+switchboard_kbenfield+%28Switchboard%3A+Kaid+Benfield%27s+Blog%29

Cidades Biofílicas. (n.d.). Assine o Compromisso. *Biophilic Cities*. Recuperado em 23 de setembro de 2014, de http://biophiliccities.org/sign-the-pledge/

Bonnisseau, N. (2014, 8 de agosto). Por que as favelas são incubadoras culturais? *RioOnWatch*. Recuperado em 16 de novembro, 2014, de http://www.rioonwatch.org/?p=17149

Bonnisseau, N. (2014, 29 de outubro). Ostentação: Um Jogo de Poder para Políticos e

Artistas de Funk. *RioOnWatch*. Recuperado em 16 de novembro, 2014, de

http://www.rioonwatch.org/?p=18142

Borja, E., & Steiker-Ginzberg, K. (2013, 22 de junho). A Taça do Povo reúne Comunidades ameaçadas de despejo. *RioOnWatch.* Recuperado em 13 de novembro, 2014, de http://www.rioonwatch.org/?p=9672

Bryophyllum fedtschenkoi. (2014, janeiro 9). *Wikipédia.* Recuperado em 26 de setembro de 2014, de http://en.wikipedia.org/wiki/Bryophyllum_fedtschenkoi

Burdett, R. (2014, 30 de setembro). Homem contra Cidade. *The Economist.* Recuperado em 29 de outubro de 2014, de http://www.economist.com/blogs/prospero/2014/09/quick-study-ricky-burdett- changing-cities

Burlin, M. (2014, 1 de outubro). Tabor para o rio: Solução inovadora de problemas em Portland, Oregon. *Série de Webinars outono 2014.* Webinar conduzido por Biophilic Cities: http://biophiliccities.org/webinar-series/

Butler, U. M. (2014, 11 de setembro). A revolução do dia a dia: A ação pública dos jovens no Rio de Janeiro. *Favelas na LSE.* Recuperado em 29 de outubro de 2014, de http://blogs.lse.ac.uk/favelasatlse/2014/09/11/the-revolution-of-the-day-to-day/

Buzanovsky, M. (n.d.). Maria Buzanovsky Fotografia. *Facebook.* Recuperado em 5 de agosto de 2014, de https://www.facebook.com/MariaBuzanovsky/photos_stream?tab=photos_albums

Callisia fragrans. (2014, 24 de setembro). *Wikipédia.* Recuperado em 26 de setembro de 2014, de http://en.wikipedia.org/wiki/Callisia_fragrans

Canal iBase. (2013, 25 de julho). Rocinha diz não ao teleférico. *RioOnWatch.* Traduzido por Charlotte Livingstone. Recuperado em novembro 16, 2014, de http://www.rioonwatch.org/?p=10652

Carman, A. (2011, 14 de outubro). Arquitetura do Sambinha: vida, ecologia e a favela. *FAVEL questões.* Recolhido 18 de junho 18, 2014, de http://favelissues.com/2011/10/14/arquitetura-do-sambinha-life-ecology-and-the-favela/

Carman, A. (2014, 12 de maio). Vocabulàrio de Construçâo na Favela - Favela Construction Vocabulário. *FAVEL questões.* Recuperado em 18 de junho 18, 2014, de http://favelissues.com/2014/05/12/vocabulario-da-favela/

Carman, A. (2014, junho 17). Bem-estar, avós e arquitetura de sambinha. *Questões da FAVEL*. Retrieved June 18, 2014, de http://favelissues.com/2014/06/17/well-ser-avós-e-sambinha-arquitetura/

Casas sobre palafitas antes do aterro. (1960-1970). Fotografia. Museu da Maré, Rio de Janeiro.

Comunidades Catalisadoras. (2014, março 26). Vila Autódromo 26/03/14. *Flickr*. Recuperado em 16 de novembro, 2014, de https://www.flickr.com/photos/catcomm/13445890703/in/set-72157643000139395

Comunidades Catalisadoras. (2014, 2 de maio). Por que devemos chamá-las de favelas. *RioOnWatch*. Recuperado em 16 de novembro de 2014, de http://www.rioonwatch.org/?p=15170

Cath, C. (2012, 24 de abril). Participação sob pacificação: Uma Oportunidade Perdida? *RioOnWatch*. Recuperado em 16 de novembro de 2014, de http://www.rioonwatch.org/?p=3582

"Cidade Sustentâvel - Expressao do Século XXI": discussâo sobre urbanizaçâo de favelas dà sequência à série. (2012, 12 de junho). *Instituto de Arquitetos do Brasil Rio de Janeiro*. Retrieved August 28, 2014, from http://www.iabrj.org.br/%E2%80%9Ccidade-sustentavel-%E2%80%93-expressao-do-seculo-xxi%E2%80%9D-discussao-sobre-urbanizacao-de-favelas-da-sequencia-a-serie

Cidinho & Doca, F. (1994). *Rap Das Armas (Parapapapa)*. Recuperado em 13 de novembro de 2014, de https://www.youtube.com/watch?v=ZthNYozVwNM

Cidinho & Doca. (1995). *Eu so quero é ser feliz!* Recuperado em 13 de novembro de 2014, de https://www.youtube.com/watch?v=MXU4Ph9zZWQ

Clark Howard, B. (n.d.). 11 Rivers Forced Underground. *National Geographic*. Recuperado em novembro de 16, 2014, de http://environment.nationalgeographic.com/environment/photos/underground-rivers/

Clarke, F. (2012, 28 de novembro). Zumbi Vive! Celebrando a Consciência Afro-Brasileira na Providência. *RioOnWatch*. Recuperado em novembro 13, 2014, de http://www.rioonwatch.org/?p=6048

Cleistocactus winteri. (2014, 21 de agosto). *Wikipédia*. Recuperado em 26 de setembro de 2014, de http://en.wikipedia.org/wiki/Cleistocactus_winteri

Coletivo vinhetando. (2014, 1 de janeiro). *Final da Copa Popular e Quadrilha da Fifa*. Recuperado em novembro 13, 2014, de https://www.facebook.com/media/set/?set=a.320242811465062.1073741855.231026160386728&type=3&uploaded=19

Comitê Popular da Copa e das Olimpiadas do Rio de Janeiro, B. (2014, 9 de junho). *Dossiê Megaeventos e Violações de Direitos Humanos no Rio de Janeiro - 2014*. Recuperado em 13 de novembro de 2014, de http://rio.portalpopulardacopa.org.br/?p=2921

Cooper Marcus, C., & Francis, C. (1990). *People places: design guidelines for urban open space*. Nova Iorque: Van Nostrand Reinhold.

Cooper Marcus, C., & Sarkissian, W. (1986). *Housing as if people mattered: site design guidelines for medium-density family housing*. Berkeley: University of California Press.

Dall'Ara, Gustavo. (1913). *A ronda da favela*. Óleo sobre tela. Museu de Arte do Rio, Rio de Janeiro.

Da Silva, B. (1992). *Eu Sou Favela*. Samba canção. Brasil.

Da Silva, J. (2005). Controlando o Discurso dos 'Outros', p165-178. In *Violência e identidade social: Um estudo comparativo sobre a atuaçao policial em duas comunidades no Rio de Janeiro*. Rio de Janeiro: UERJ / PPCIS.

De Andrade, O. (1924, 18 de março). Manifesto da Poesia Pau-Brasil. *Correio da Manha*.

Designing Neighborhoods for People and Wildlife. (n.d.). *Sociedade Americana de Arquitectos Paisagistas*. Recuperado em 14 de outubro 14, 2014, de http://www.asla.org/sustainablelandscapes/Vid_Wildlife.html

Diretor, M. (Diretor). (2014). *Teto Verde Favela* [Documentário]. Brasil: YouTube. Recuperado em setembro 26, 2014, de https://www.youtube.com/watch?v=QWAwB2FpSHI&feature=youtu.be

Dixon, C. (2014, 28 de maio). O playground acidental, de Daniel Campo [RESENHA DO LIVRO]. *RioOnWatch*. Recuperado em 28 de maio, 2014, de http://www.rioonwatch.org/?p=15451

Dixon, C. (2014, 22 de outubro). Brincadeiras envolventes nas favelas do Rio. *RioOnWatch*.

Recuperado em 17 de novembro de 2014, de http://www.rioonwatch.org/?p=18351

Do Valongo à Favela: imaginário e periferia (2014, 19 de junho). Exposição no Museu de Arte do Rio, Rio de Janeiro.

Downton, P. (2014, 17 de setembro). Nascido para ser selvagem (mais ou menos). *A natureza das cidades*. Recuperado em 18 de setembro de 2014, de http://www.thenatureofcities.com/2014/09/17/born-to- be-wild-sort-of/

Drogovic, D. (2012, 14 de março). A alma de uma favela brasileira. *Um rebelde com uma causa*. Recuperado em 2 de julho, 2014, de http://arebelwithacause.org/2012/03/14/the-soul-of-a-

brasileiro-favela/

Elliott, J. (1991) *Action research for educational change*. Philadelphia: Open University Press.

Eulich, W. (2014, 23 de abril). De tiroteios a 'mansões': Por dentro do Rio de Janeiro smorgasbord of favelas (+vídeo). *The Christian Science Monitor*. Recuperado em 6 de maio de 2014, de http://www.csmonitor.com/World/Americas/Latin-America-Monitor/2014/0423/From- gunfights-to-mansions-Inside-Rio-de-janeiro-smorgasbord-of-favelas-video

Explorando a Comunidade de Agricultura Urbana do Rio. (2012, junho 16). *Cultivando Restauração Espaços Restaurativos*. Recuperado em junho 20, 2014, de

http://cultivatingrestorativespaces.wordpress.com/2012/06/16/exploring-the-urban-agricultura-comunidade-rio/

Factos e números. (n.d.). *SoulBrasileiro*. Retrieved July 2, 2014, de

http://soulbrasileiro.com/main/rio-de-janeiro/favelas/morro-da-providencia/main/rio-de-janeiro/favelas/factos-e-figuras/

Favela como Modelo Sustenta vel / Favela as a Sustainable Model [Filme]. (2012). Brasil: Comunidades Catalisadoras. Recuperado em 16 de novembro, 2014, de

https://www.youtube.com/watch?v=2sT8rhhbCUA

Favela vs. Asfalto. (s.d.). *SoulBrasileiro*. Recuperado em 2 de julho,2014, de

http://soulbrasileiro.com/main/rio-de-janeiro/favelas/morro-da-providencia/main/rio-de-janeiro/favelas/favela-vs-asphalt/

Fawkes, P. (2013, 7 de abril). Piers Fawkes: Sobre o projeto My Ideal City e como você pode contribuir. *PSFK*. Recuperado em 20 de outubro de 2014, de http://www.psfk.com/2013/04/my- ideal-city-crowdsourcing-project.html

Fellmann, J. D., Getis, A., & Getis, J. (2007). *Human geography: landscapes of human activities* (9th ed.). Boston, MA: McGraw-Hill.

Ferreira Santos, C. J. et al. (2011, 7 de novembro). Corredores Verdes - Relatório do Grupo de Trabalho (Resoluçâo SMAC P n°183 de 07.11.2011). *Mosaico Carioca*. Recuperado em outubro 15, 2014, de https://2c42d7bc-a-62cb3a1a-s-sites.googlegroups.com/site/mosaicocarioca/home/GT%20CORREDORES%20VERDES%20relat%C3%B3rio%20final.pdf?attachauth=ANoY7cpy-8virw07PEOkezlzJNgyZGZvjxAN0mbZO5l1NnhwsgBF5snl5j0uP1_8i_R-hQNx3lgiew5X8f0-1XrgcnfyZQuHqUEQ6VqBkrz4nOSB0Nu_b7lgsXJa_BDxno3XuuYD-FuRVVSLMq4Y9E0OXC-2n2BcyLBsTfy-_eThxvesmp5BeaD79FVv6jjQlvRUz-_rVTa65_SGor7cbX06x0H_wgT1ENnx6gBDFEVetCYWZfQrVukSarBdNh3Q2pE9vhPb3-znaypS_K1Oav_vRdlA7ObVFQ%3D%3D&attredirects=2

Florestas do RIO. (s.d.). *Florestas do RIO*. Recuperado em 21 de outubro de 2014, de http://sigfloresta.rio.rj.gov.br/

Foucault, M. (1967). De Outros Espaços: Utopias and Heterotopias. *Instituto de Tecnologia de Massachusetts*. Recuperado em 20 de junho de 2014, de http://web.mit.edu/allanmc/www/foucault1.p

Do Valongo à Favela: O Imaginário e a Periferia. (s.d.). *Museu de Arte do Rio.* Recuperado em de agosto 3, 2014, de http://museudeartedorio.org.br/en/exhibitions/next?exp=1107

Gaffney, C. (2014, 23 de abril). O que achaste da peça Ms. Lincoln? *Caçando Elefantes Brancos / Caçando Elefantes Brancos*. Recuperado em 6 de maio, 2014, de http://www.geostadia.com/2014/04/how-did-you-like-play-ms-lincoln.html

Gaston, K. (2010). *Urban ecology*. Cambridge: Cambridge University Press.

Gehl, J. (1968). Mennesker til Fods. *Arkitekten, 20.*

Gehl, J. (2001*). A vida entre edifícios: utilização do espaço público*. Copenhaga: Arkitektens Forlag - The Danish Architectural Press.

Gehl, J., & Svarre, B. (2013). *Como estudar a vida pública*. Washington: Island Press.

Informação geoespacial: é necessária uma melhor coordenação para identificar e reduzir a duplicação de investimentos. (2004). Washington, D.C.: U.S. General Accounting Office.

Gervais-Lambony, M. (2001). *Les très grandes villes*. Neuilly: Atlande.

Girling, C., & Kellett, R. (2005). *Skinny streets and green neighborhoods: design for environment and community*. Washington, DC: Island Press.

Glickhouse, R. (2014, 14 de janeiro). Rolezinho no Shopping: Os shoppings do Brasil na frente

Linhas. *Rio Gringa*. Recuperado em maio 6, 2014, de

http://www.riogringa.com/my_weblog/2014/01/rolezinho-no-shopping-brazils-malls.html

Globo. (2014, 20 de março). Comandante de uma Unidade de Policia Pacificadora do RJ é baleado. *globo.tv*. Recuperado em 2 de outubro, 2014, de http://globotv.globo.com/rede-

globo/jornal-nacional/t/edicoes/v/comandante-de-uma-unidade-de-policia-pacificadora-do-rj-e-baleado/3227987/

Goffman, E. (1963). *Behaviour in Public Places, Notes on the Social Organisation of Gatherings*. Glencoe: The Free Press.

Gomes, P. (2014, 2 de maio). Entrevista pessoal. Rio de Janeiro, Copacabana.

Goodenough, J. (2014, 2 de maio). A Copa do Povo 2014 começa em Santa Marta. *RioOnWatch*. Recuperado em 13 de novembro de 2014, de http://www.rioonwatch.org/?p=14742

Goodenough, J. (2014, 17 de junho). Jogo final da Taça do Povo protesta contra mega-evento

Violações. *RioOnWatch*. Recuperado em novembro 13, 2014, de

http://www.rioonwatch.org/?p=16005

Goodenough, J. (2014, 18 de agosto). Pesquisadores refletem sobre o panorama geral: As favelas do Rio em face de um cenário de planejamento em mudança. *RioOnWatch*. Recuperado em 15 de novembro de 2014, de http://www.rioonwatch.org/?p=17334

Goodenough, J. (2014, 20 de setembro). Conferência Greenbuilding Brasil apresenta o

LEED-UP: Favelas como Modelos de Sustentabilidade Urbana. *RioOnWatch.* Recuperado em 16 de novembro, 2014, de http://www.rioonwatch.org/?p=17816

Granén, M. (2014, 29 de outubro). Projetando a natureza em lugares inesperados. *Série de Webinars outono 2014.* Webinar conduzido por Biophilic Cities: http://biophiliccities.org/webinar-series/

Jardinagem de Guerrilha e Jardinagem Urbana - Criando Espaços de Alteridade Urbana. (2014, fevereiro 10). *Estética do Protesto.* Recuperado em 20 de junho, 2014, de

http://aestheticsofprotest.wordpress.com/2014/02/10/urban-gardening/

Hack, G. (2014, 2 de outubro). Negociação para bens comuns. *Projetando cidades.* Palestra realizada a partir da Universidade da Pensilvânia, no site do Coursera: https://class.coursera.org/designingcities-002

Hack, G. (2014, 26 de setembro). *Designing cities.* Palestra realizada a partir da Universidade da Pensilvânia, no site do Coursera: https://class.coursera.org/designingcities-002

Hack, G., Barnett, J. e Al. S. (2014, 20 de outubro). Introdução à Semana 5. *Designing Cities.* Palestra realizada na Universidade da Pensilvânia, no site do Coursera: https://class.coursera.org/designingcities-002/lecture/51

Hack, G., Barnett, J. e Al. S. (2014, 13 de outubro). Introdução à Semana 4. *Designing Cities.* Palestra realizada na Universidade da Pensilvânia, no site do Coursera: https://class.coursera.org/designingcities-002/lecture/49

Hack, G., Barnett, J. e Al. S. (2014, 30 de setembro). Discussão da Tarefa 1. Designing Cities. Palestra realizada na Universidade da Pensilvânia, no sítio Web do Coursera: https://class.coursera.org/designingcities-002/lecture/77

Hart, C., Sousa Silva, E., & Lemgruber, J. (2014, 22 de junho). Favelas e Cracolândias que ninguém vê. *RioOnWatch.* Traduzido por Lucy McMahon. Recuperado em 16 de novembro de 2014, de http://www.rioonwatch.org/?p=16110

Hecht, B. (2014, 27 de outubro). Prós e contras da VGI. *Do GPS e Google Maps à computação espacial.* Palestra realizada na Universidade de Minnesota, no site do Coursera: https://class.coursera.org/spatialcomputing-001/wiki/Module_5

Herzog, C. (2012, 10 de julho). Conectando as maravilhosas paisagens do Rio de Janeiro. *O*

Natureza das Cidades. Recuperado emde outubro 9, 2014, de

http://www.thenatureofcities.com/2012/07/10/green-corridors-in-rio/

Hora, M. (2005, 12 de janeiro) Morro da Favela. Exposiçâo Morro da Favela de Mauricio Hora, Rio de Janeiro. *flickr.* Recuperado em 19 de agosto, 2014 de https://www.flickr.com/photos/mauriciohora/4577056249/in/set-72157623988706704

Hora, M. (2008, 14 de junho) Morro da Favela. Exposiçâo Morro da Favela de Mauricio Hora,

Rio de Rio de Janeiro. *flickr.* Recuperado em de agosto 19, 2014 de

https://www.flickr.com/photos/mauriciohora/4577678158/in/set-72157623988706704

Hora, M. (2008, 7 de setembro) Morro da Favela. Exposiçâo Morro da Favela de Mauricio Hora, Rio de Janeiro. *flickr.* Recuperado em 19 de agosto, 2014 de https://www.flickr.com/photos/mauriciohora/4577684246/in/set-72157623988706704

Hora, M. (2011, 29 de julho) Cruzeiro. Canudos/Providência, Rio de Janeiro. *flickr.* Recuperado em 5 de agosto, 2014, de https://www.flickr.com/photos/mauriciohora/10808643023/in/set-72157637573154034/

Horton, R. (2013, 24 de julho). Sistema de telhado verde leve fitocinético para autocarros e veículos urbanos. *Urbano Jardins.* Recuperado em 15 de outubro, 2014, de http://www.urbangardensweb.com/2013/07/24/phyto-kinetic-green-roofs-for-city-buses- e-ecossistema-urbano-melhorado/

Jackson, M. (1996). *Eles não querem saber de nós.* Recuperado em 13 de novembro de 2014, de https://www.youtube.com/watch?v=QNJL6nfu__Q

Jacobs, A. (2007). Conclusão: Great Streets and City Planning. Em M. Larice e E. Macdonald (Eds.), *The Urban Design Reader* (pp. 387-390). New York: Routledge

Jacobs, A. (1993). *Great streets.* Cambridge, Massachussets: MIT Press.

Jacobs, J. (1961). *The death and life of great American cities.* New York: Random House.

Jaquet, M. (2014, 5 de abril). Cidade de Deus - Trabalhando com Habitação de Massa Informalizada no Brasil, de Marc Angélil e Rainer Hehl [REVISÃO DO LIVRO]. *RioOnWatch.* Recuperado em 16 de novembro, 2014, de http://www.rioonwatch.org/?p=14308

Jaquet, M. (2014, 20 de maio). Resenha da exposição: "Favela, você mesmo faz!" Comunidade

Visões para o espaço público em Alemao. *RioOnWatch.* Recuperado em 16 de novembro, 2014, de http://www.rioonwatch.org/?p=15432

Jaquet, M. (2014, 23 de julho). Qualidades da informalidade urbana: Estudo de Caso das Favelas do Rio de Janeiro. *RioOnWatch.* Recuperado em 15 de novembro, 2014, de http://www.rioonwatch.org/?p=16678

Kaye, L. (2011, 21 de julho). Poderão os problemas das cidades ser resolvidos pela acupunctura urbana? *The Guardian.* Recuperado em 27 de setembro de 2014, de http://www.theguardian.com/sustainable- business/urban-acupuncture-community-localised-renewal-projects

Keillor, G. (2014, 1 de outubro). Para Jessica, minha filha. *O Almanaque do Escritor.* Recuperado em 1 de outubro de 2014, de http://writersalmanac.publicradio.org/

Kimmelman, M. (2013, 25 de novembro). Um Rio de Janeiro dividido, exagerando para o

Mundo. *O jornal The New York Times.* Recuperado em 28 de dezembro, 2013, de http://www.nytimes.com/2013/11/26/world/americas/a-divided-rio-de-janeiro-overreaching-for-the-world.html?pagewanted=1&_r=0

Koolhaas, J., & Urhahn, D. (2014, 7 de novembro). Haas&Hahn: Como a pintura pode transformar comunidades. *YouTube.* Recuperado emnovembro 15, 2014, de

https://www.youtube.com/watch?v=iCXfJVCg1LA

Korytowski, I. (2012, 20 de janeiro). Vidigal. *Literatura & Rio de Janeiro.* Recuperado em 16 de novembro, 2014, de http://literaturaeriodejaneiro.blogspot.com.br/2012/01/vidigal.html

Lacerda, J. (2014, 18 de maio). Como criar filhos em grandes cidades. *Transporte Ativo.* Recuperado em 19 de maio, 2014, de http://transporteativo.org.br/wp/2014/05/18/como-criar-

filhos-em-grandes-cidades/

Lazarev, M. (2012, 5 de fevereiro). "Boa noite Rio" Favela Cantagalo, Copacabana - Rio de Janeiro 2012. *Flickr.* Recuperado em 15 de novembro de 2014, de

http://www.flickr.com/photos/59343646@N00/6820846147

Leveraging the Landscape to Manage Water (Aproveitamento da paisagem para gerir a água). (n.d.). *Sociedade Americana de Arquitectos Paisagistas.* Recuperado em 14 de outubro 14, 2014, de http://www.asla.org/sustainablelandscapes/Vid_WaterManagement.html

Louv, R. (2014, 6 de outubro). Todas as crianças precisam da natureza: 12 perguntas sobre equidade e capacidade. *Rede Crianças e Natureza.* Recuperado em 29 de outubro, 2014, de http://blog.childrenandnature.org/2014/10/06/all-children-need-nature-12-questions-about-equity-capacity/?utm_source=Children+%26+Nature+Network+Subscriptions&utm_campaign=6ba16e3eb1-RSS_EMAIL_CAMPAIGN&utm_medium=email&utm_term=0_e0808fca17-6ba16e3eb1-39428573

Magalhães, A. (2014, 30 de abril). Entrevista pessoal. Rio de Janeiro, Centro.

Manifesto Complexo do Alemâo. (s.d.). Recuperado em 13 de novembro, 2014, de https://docs.google.com/document/d/19a6jdZt0lLMpy1Lco0RoNA5QBtqd_rVspmTMYRk744w/edit?pli=1

Marcinkoski, C. (2014, 13 de outubro). Urbanismo ecológico. *Projetando cidades.* Palestra realizada a partir da Universidade da Pensilvânia, no site do Coursera: https://class.coursera.org/designingcities-002/lecture/57

Martin, P.-A. (2012, 10 de novembro). Colocando a natureza de volta na beleza natural do Rio de Janeiro. *A Natureza das Cidades.* Retrieved October 21, 2014, de http://www.thenatureofcities.com/2012/11/10/putting-nature-back-into-the-natural-beauty-of-rio-de-janeiro/

Martin, P.-A. (2014, 11 de novembro). A Matematica da natureza: 1+1=1. *TEDxRio.* Palestra realizada pelo TEDx, Rio de Janeiro: www.youtube.com/watch?v=l1a7cGCgAZc

McTarnaghan, S. (2014, 27 de setembro). Radical Cities: Atravessando a América Latina em busca de uma nova arquitetura, de Justin McGuirk [REVISÃO DO LIVRO]. *RioOnWatch.* Recuperado em 27 de setembro de 2014, de http://www.rioonwatch.org/?p=17744

Repórter do Metro Sport. (2014, 11 de setembro). Incrível! Favela do Rio ganha campo de futebol movido a jogadores. *Metro.* Recuperado em 29 de outubro de 2014, de http://metro.co.uk/2014/09/11/rio- de-janeiro-favela-gets-worlds-first-player-poweredfootball-pitch-4865362/

Moraes, C. (2004, 28 de setembro). Ataque a helicóptero: reação, fuga e execução. *O Dia*

A minha Cidade Ideal. (n.d.). *Minha cidade ideal*. Recuperado em outubro 20, 2014, de

http://www.miciudadideal.com/en

Na base do suor. (n.d.). *Favela tem memória.* Recuperado em 16 de novembro de 2014, de

http://www.favelatemmemoria.com.br/na-base-do-suor/

Não saio daqui porque (2012, 8 de dezembro). Recuperado em 16 de novembro, 2014, de

http://naosaiodaquiporque.tumblr.com/image/37503448770

Nassauer, J. I. (1997). Sustentabilidade cultural: alinhando estética e ecologia. Em J. I. Nassauer (Ed.), *Placing Nature: Culture and Landscape Ecology* (pp. 67-83). Island Press.

Neoregelia. (2014, 9 de setembro). *Wikipédia*. Recuperado em 26 de setembro,2014, de

http://en.wikipedia.org/wiki/Neoregelia

Neuwirth, R. (2005, julho). O mundo oculto das cidades-sombra. *TED.* Recuperado em 16 de novembro de 2014, de http://www.ted.com/talks/robert_neuwirth_on_our_shadow_cities

Nikitin, C. (2011, 20 de julho). Cidades mais seguras para mulheres e raparigas através de uma abordagem de base local. *Projeto para Espaços Públicos* Público. Recuperado em 13 de maio, 2014, de

http://www.pps.org/blog/safer-cities-for-women-and-girls-through-a-place-based-approach/

Nikitin, C. (n.d.). Collaborative, Creative Placemaking: Good Public Art Depends on Good Public Spaces (A boa arte pública depende de bons espaços públicos). *Projeto para Espaços Públicos.* Recuperado em 13 de maio de 2014, de http://www.pps.org/reference/collaborative-creative-placemaking-good-public-art-depends-on-good-public-spaces/

Nós com Todos. (s.d.). *Agência Redes Para a Juventude*. Recuperado em 16 de novembro de 2014, de http://agenciarj.org/ideias/nos-com-todos/

Ondra, N. (2009, 4 de dezembro). O que é que um nome tem? Através do Arco-Íris Parte II. *Hayefield: o jardim de um geek de plantas da Pensilvânia*. Recuperado em 26 de setembro de 2014, de http://hayefield.com/2009/12/04/whats-in-a-name-through-the-rainbow-part-ii/

Orofino, A. (2014, 3 de novembro). Alessandra Orofino: A cidade é nossa. Vamos dar um jeito nela. *TED.* Palestra conduzida por TED, Rio de janeiro: http://www.ted.com/talks/alessandra_orofino_it_s_our_city_let_s_fix_it#t-316823

Osborn, C. (2012, 27 de setembro). Uma história de melhorias nas favelas - Parte I (1897-1988). *RioOnWatch.* Recuperado em 16 de novembro de 2014, de http://www.rioonwatch.org/?p=5295

Osborn, C. (2012, 26 de novembro). Uma história de melhorias em favelas Parte II: Apresentando a Favela- Bairro (1988-2008). *RioOnWatch.* Recuperado em 16 de novembro de 2014, de http://www.rioonwatch.org/?p=5931

Osborn, C. (2013, 2 de abril). A History of Favela Upgrades Part III: Morar Carioca na Visão e na Prática (2008 - Presente). *RioOnWatch.* Recuperado em 16 de novembro de 2014, de http://www.rioonwatch.org/?p=8136

Paterman, I. (2014, 1 de janeiro). Nós com todos. *Vimeo.* Recuperado em 16 de novembro de 2014, de http://vimeo.com/102849879

Pearce, B. (2011, 6 de novembro). Lugar e espaço. *Brittany Pearce.* Recuperado em 22 de agosto de 2014, de http://ecubp12.edublogs.org/2011/11/06/place-and-space/

Fitocinética. (n.d.). *Phytokinetic.* Recuperado em 29 de outubro de 2014, de http://www.phytokinetic.net/

Pilosocereus. (2014, 9 de março). *Wikipédia.* Recuperado em 26 de setembro de 014, de http://en.wikipedia.org/wiki/Pilosocereus

Pilote, S. (2011, 26 de setembro). Solidariedade vs. Individualismo: O Poder do Mutirão. *RioOnWatch.* Recuperado em 16 de novembro de 2014, de http://www.rioonwatch.org/?p=1762

Poetas, D. (2014, 7 de julho). UPPs e a segregação espacial e simbólica no Rio. *RioOnWatch.* Recuperado em 16 de novembro, 2014, de http://www.rioonwatch.org/?p=15724

Projeto. (n.d.). *Verde Minha Favela.* Recuperado em 20 de junho de 2014, de http://www.greenmyfavela.org/

Projeto para Espaços Públicos a. (n.d.). Criar um terreno comum numa cidade dividida. *Projeto para Espaços Públicos*. Recuperado em 13 de maio, 2014, de http://www.pps.org/reference/creating-

terreno comum numa cidade dividida/

Projeto para Espaços Públicos b. (n.d.). Leading from the Ground Up. *Projeto para Espaços Públicos*. Recuperado em 13 de maio de 2014, de http://www.pps.org/reference/leadingfromthegroundup/

Projeto para Espaços Públicos c. (n.d.). O Poder do 10. *Projeto para Espaços Públicos*. Recuperado em 18 de setembro de 2014, de http://www.pps.org/reference/the-power-of-10/

Projeto para Espaços Públicos d (n.d.). Slideshow Streets as Places. *Futuro dos lugares*. Recuperado em 17 de novembro de 2014, de http://futureofplaces.com/slideshow/

Projeto Travessia, de reforma de praças esportivas, inaugura suas primeiras obras. (2013, 20 de dezembro). *Governo do Rio de Janeiro*. Recuperado em 4 de janeiro de 2014, de http://www.rj.gov.br/web/seel/exibeconteudo?article-id=1901232

Ribeiro Rice Geisler, A. (2004*). O que também se pode esperar de nossas favelas? "Olho no mundo, olho no outro, olho em você".* Dissertação de mestrado. Rio de Janeiro: PUC-Rio.

Richmond, M. (2013, 24 de dezembro). Reflexões após um ano de protestos: O Rio de Janeiro como 'Cidade Pós-Terceiro Mundo' ou 'Cidade de Exceção'? *RioOnWatch*. Recuperado em 25 de dezembro de 2013, de http://rioonwatch.org/?p=12860

Richter, M., & Weiland, U. (2011). *Ecologia urbana aplicada: um quadro global*. Chichester, West Sussex: Wiley-Blackwell.

Rio de Janeiro: Paisagens cariocas entre a montanha e o mar. (s.d.). *Património Mundial da Património* Mundial da UNESCO. Recuperado em de outubro 9, 2014, de

http://whc.unesco.org/en/list/1100/

Rio de Janeiro/RJ. (s.d.). *Onde Fui Roubado*. Recuperado em 20 de outubro, 2014, de http://www.ondefuiroubado.com.br/rio-de-janeiro/RJ

Robertson, C. (2014, 20 de julho). O que há num nome? O estigma das favelas no mundo. *RioOnWatch*. Recuperado em 16 de novembro de 2014, de http://www.rioonwatch.org/?p=16479

Rocha, A. (2012). *Cidade cerzida: A costura da cidadania no morro Santa Marta* (3ª ed.). Rio de Janeiro: PUC-Rio.

Roe, J. e Neale, C. (2014, 15 de outubro). O que seu cérebro está fazendo em um lugar como este? *Série de Webinars outono 2014*. Webinar conduzido por Biophilic Cities: http://biophiliccities.org/webinar-series/

Rojas-Sandoval, J., & Acevedo-Rodriguez, P. (2013, 3 de maio). Callisia repens. *Commonwealth Agricultural Bureaux International*. Recuperado em 26 de setembro de 2014, de http://www.cabi.org/isc/datasheet/13501

Roller, Z. (2011, 27 de setembro). Rua 4 da Rocinha: uma abordagem mista para a habitação pública. *RioOnWatch*. Recuperado em 11 de novembro, 2014, de http://www.rioonwatch.org/?p=1844

Santa Marta. (s.d.). *SoulBrasileiro*. Recuperado em 2 de julho, 2014, de http://soulbrasileiro.com/main/rio-de-janeiro/favelas/santa-marta/santa-marta/

Schuindt, R. (2013, 28 de janeiro). Vidro Sustentável. *RioOnWatch*. Recuperado em 16 de novembro de 2014, de http://www.rioonwatch.org/?p=6669

Secretaria de Estado de Obras. (2012, 16 de julho). Manguinhos vai ganhar obras de urbanizaçâo e àreas de lazer. *Governo do Rio de Janeiro*. Recuperado em 16 de novembro de 2014, de http://www.rj.gov.br/web/seobras/exibeconteudo?article-id=1011808

Siegel, N. (2013, 24 de março). "A cidade é nossa! Um protesto pelos espaços públicos do Rio. *RioOnWatch*. Recuperado em 25 de dezembro de 2013, de http://rioonwatch.org/?p=7954

Sims, S. (n.d.). Regina Tchelly: Favelas Orgânicas. *OZY*. Recuperado em 29 de outubro de 2014, de http://www.ozy.com/good-sht/in-the-land-of-honky-tonk-an-infusion-of-fancy-drinks/1376

Sítios. (n.d.). *Verde Minha Favela*. Recuperado em 19 de fevereiro de 2014, de http://www.greenmyfavela.org/sites/

Sitte, C. (1889). *Der Stadtebau nach seinen künstlerischen Grundsatzen*. Viena: Graeser.

Smith, T. (2011, 6 de dezembro). UPP Social e Participação: Como Não Integrar o Rio. *RioOnWatch*. Recuperado em 16 de novembro, 2014, de http://www.rioonwatch.org/?p=2592

Sobre. (n.d.). *Todo mapa tem um discurso*. Recuperado em 19 de agosto de 2014, de http://todomapatemumdiscurso.wordpress.co

SOS Mata Atlântica. (s.d.). *SOS Mata Atlântica*. Recuperado em 17 de outubro, 2014, de http://www.sosma.org.br/

Taylor, M. J. (2014, 14 de outubro). O transporte como uma armadura de crescimento. *Projetando cidades*. Palestra realizada na Universidade da Pensilvânia, no site do Coursera: https://class.coursera.org/designingcities-002/lecture/59

Thalis, P., & Cantrill, P. J. (n.d.). Public Sydney: Drawing the City. *Hill Thalis*. Recuperado em 17 de novembro de 2014, de http://www.hillthalis.com.au/index.php?id=114

A arte do jardim no telhado - uma solução verde para os problemas urbanos. (2014, 30 de setembro). *Os mais belos jardins*. Retrieved May 19, 2014, de http://mostbeautifulgardens.com/art-rooftop-garden-green-solution-urban-problems/

As origens das favelas. (s.d.). *SoulBrasileiro*. Recuperado em 2 julho, 2014, de http://soulbrasileiro.com/historia-categoria/the-origins-of-favelas/

O Projeto. (2013). *ICOS Cidadania*. Recuperado em 20 de junho de 2014, de http://www.icoscidadania.org.br/labs/eco-cidadania/o-projeto/?lang=en

Thorpe, W. (2013, 15 de agosto). Como podemos tornar as cidades mais seguras para as mulheres? *Cities Today*. Recuperado em 22 de outubro de 2014, de http://cities-today.com/2013/08/how-can-we-make-cities- safer-for-women/

Tracey, D. (2007). Guerrilla gardening: a manualfesto. Gabriola Island, BC: New Society Publishers.

Tripp, D. (2005). Investigação-ação: uma introdução metodológica. *Educaçâo e Pesquisa*, 31(3), 443-466. Recuperado em de outubro 2, 2014, de http://www.scielo.br/scielo.php?pid=S1517-97022005000300009&script=sci_abstract

Tuan, Y.-F. (1977). *Space and place: the perspective of experience*. Minneapolis: University of Minnesota Press.

Entendendo a importância do paisagismo sustentável. (2014, junho 17). *A maioria Bonito Jardins*. Recuperado setembro 30, 2014, de http://mostbeautifulgardens.com/understanding-importance-sustainable-landscaping/

Dicas úteis para jardinagem ecológica. (2014, 28 de maio). *Os jardins mais bonitos*. Recuperado em 30 de setembro de 2014, de http://mostbeautifulgardens.com/useful-tips-eco-friendly-gardening/

Vale Encantado. (s.d.). Recuperado em 16 de novembro de 2014, de http://www.valeencantado.org.br/site/

Whyte, W. H. (1980). *The social life of small urban spaces (A vida social dos pequenos espaços urbanos*). Washington, D.C.: Conservation Foundation.

Williamson, T. (n.d.). A City Planner Responds: O que é uma Favela? *Comunidades Catalisadoras*. Recuperado em 16 de novembro de 2014, de http://catcomm.org/planner-on-favela/

Williamson, T. (2014, 30 de setembro). Email.

Williamson, T. (2013, 19 de setembro). Posse da terra e planejamento urbano nas favelas do Rio de Janeiro. *RioOnWatch*. Recuperado em maio 19, 2014, de http://www.rioonwatch.org/11075/land-tenure-and-urban-planning-in-rio-de-janeiro-favelas/

Woldegebriel, E. G. (2014, 15 de outubro). A capital da Etiópia, em rápido crescimento, pretende tornar-se mais verde e mais limpa. *Fundação Thomson Reuters*. Recuperado em 16 de outubro de 2014, de http://www.trust.org/item/20141015190146-ngx4i/?source=jtOtherNews3

Worms, J. (2011, 4 de agosto). Rio Top Tour. *RioOnWatch*. Recuperado em 11 de novembro de 2014, de http://www.rioonwatch.org/?p=1464

Zirin, D. (2014, 25 de abril). Por que a Blackwater está ajudando a treinar a segurança da Copa do Mundo do Brasil? *The Nation*. Recuperado em 6 de maio de 2014, de http://www.thenation.com/blog/179541/why- blackwater-helping-train-brazils-world-cup-security

MIX
Papier aus verantwortungsvollen Quellen
Paper from responsible sources
FSC® C105338

Printed by Books on Demand GmbH, Norderstedt / Germany